化石が語る　サルの進化・ヒトの誕生

高井正成
中務真人　著

丸善出版

はじめに

本書は、地中から見つかる「骨の化石」からサルやヒトの進化を研究している二人の専門家が、高校生から大学の1～2年生を対象に「教科書」として執筆しました。基本的な解説はQ＆A形式で構成し、リアルな授業のような雰囲気を楽しんでもらうように心掛けて書きました。学問的には古生物学、霊長類学、人類学、形態学、解剖学……、といった分野に含まれるのですが、このような内容の授業は中学や高校ではほとんどないようです。

ところが、公開講座などで「霊長類の進化」や「ヒトの誕生」といったタイトルの話をすると、びっくりするほどたくさんの人が来てくれます。年配層には、「学生の時にこういったことに興味を持っていたけれども、そういった授業を受けられなかった」という方が多いですね。また、なかにはリピーターのような方がいて、「もっと詳しい専門的な話をして欲しい」というような要求をされたりします。でも、参加者のほとんどはまったくの素人ですから、基本的なことから話さないとわかりにくくなってしまいます。多くの人が抱くような基本的な疑問を中心に、やや専門的な内容も含んで説明している本があれば良いと思うことがしばしばありました。

一方、大学の教養課程で授業をすると、文系のみならず、理系でも高校時代に生物学や地学をとっていなかったという学生が多いことに気付かされます。確かに、理系の学問の基礎となる数学・物理学・化学などを勉強していたら、それ以外の科目に割く時間がないのかもしれません。「恐竜展」だとか「絶滅動物の世界」というような特別展があると、たくさんの化石好きな子供たちが博物館にやって来て大賑わいになるのに、受験のためには勉強しやすい科目に流れてしまうようです。かといって、そういった学生諸君にこの分野で必要なすべての学問を基礎から教えるのは、なかなか大変です。残念なことに、文系理系の分野を問わず、化石から見る進化に興味を持った初学者が化石や進化に関する授業を聞く際、手助けになる教科書はこれまでになかったように思います。本書がそういった目的で使われ、より多くの学生が化石を研究することの面白さを知ってくれることを期待します。

第1章では、化石の研究に興味を持っている方々に、まず、どうやって化石を研究しているのか、どうしたら研究者になれるのか、といった現実的な話をしています。今までこういった関係の勉強をしていなかったけれど、大学から研究者を目指したい思う人は、まず読んでみてください。第2章と第3章では、主に霊長類、つまりサルの進化について、いろいろなトピックスをもとに解説していきます。すべてのサルの解説をすることはできませんでしたが、世界の各地で見つかっている珍しい化石を紹介しています。第4章と第5章では、サルからヒトへの進化、そして「人」になったわれわれの祖先について、よくある質問に答えてみました。

本書の内容は項目ごとに独立させ、どこから読んでも困らないように書いてあります。気が向いた時にソファーに寝転がって、目についた項目から気楽に読んでみて下さい。「そうだったのか！」というようなことが、あちこちに書いてあります。本文中の重要な箇所には傍線を引き、学名や重要語句は太字としました。年代や学名、骨の名前などの難しい専門用語が出てきたら、巻頭・巻末の図表が参照できるようになっています。

では、化石が語る世界を、ゆっくりお楽しみください。

2022年6月

高井　正成
中務　真人

目　次

第2章　サルとは何か……39

第3章　サルの進化……75

地質年代表

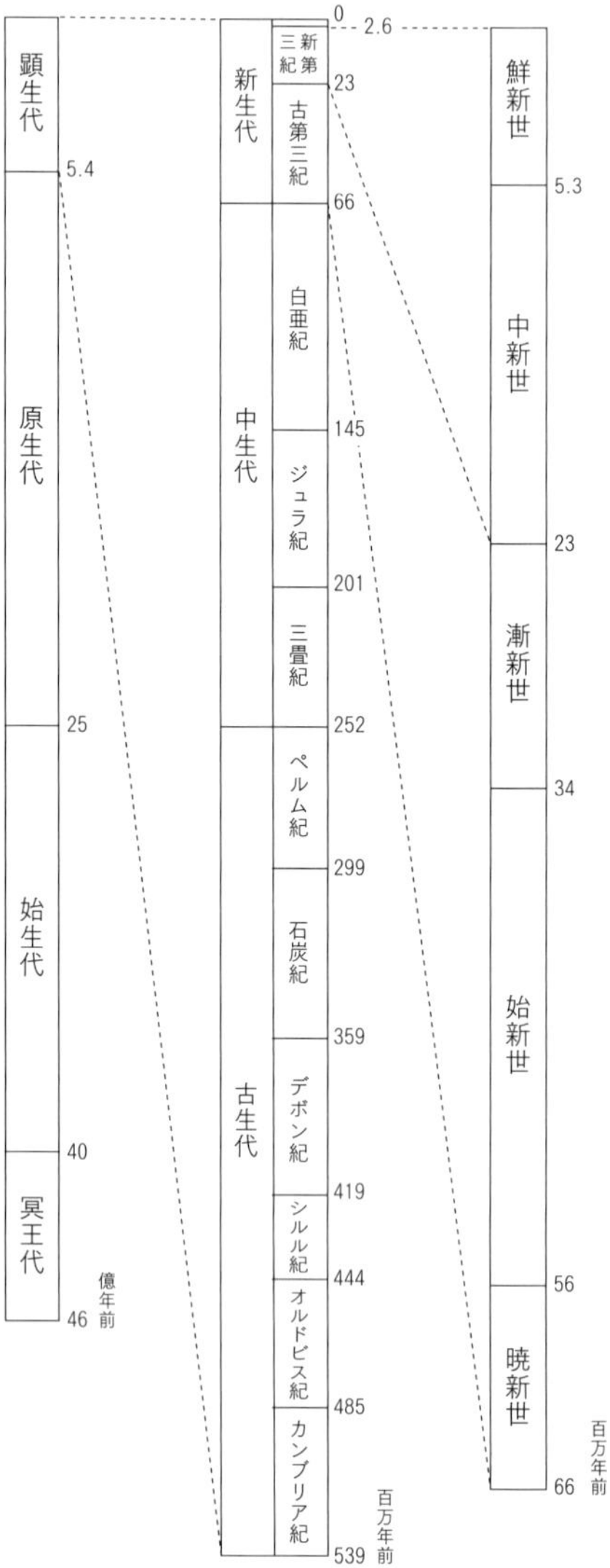

顕生代
5.4
原生代
25
始生代
40
冥王代
46
億年前
0
新生代
新第三紀
23
古第三紀
66
中生代
白亜紀
145
ジュラ紀
201
三畳紀
252
古生代
ペルム紀
299
石炭紀
359
デボン紀
419
シルル紀
444
オルドビス紀
485
カンブリア紀
539
百万年前
2.6
鮮新世
5.3
中新世
23
漸新世
34
始新世
56
暁新世
66
百万年前

本書に登場する人類

種類	最も古い年代	知られている地域
猿人		
オロリン・トゥゲネンシス	610 万年前	ケニア（バリンゴ）
アルディピテクス・カダッバ	580 万年前	エチオピア（ミドルアワシュ）
サヘラントロプス・チャデンシス	650〜600 万年前	チャド
アルディピテクス・ラミドゥス	440 万年前	エチオピア
アウストラロピテクス・アナメンシス	420 万年前	エチオピア、ケニア
アウストラロピテクス・アファレンシス	380 万年前	エチオピア、ケニア、タンザニア
アウストラロピテクス・アフリカヌス	300 万年前	南アフリカ（ハウテン州）
アウストラロピテクス・エチオピクス	280 万年前	エチオピア、ケニア
アウストラロピテクス・ボイセイ	230 万年前	エチオピア、ケニア、タンザニア、マラウィ
アウストラロピテクス・ロブストゥス	180 万年前	南アフリカ（ハウテン州）
原人		
ホモ・ハビリス	240 万年前	ケニア、エチオピア、タンザニア、マラウィ
ホモ・エレクトゥス	190 万年前	ケニア、エチオピア、エリトリア、タンザニア、マラウィ、南アフリカ、アルジェリア、ジョージア、インドネシア、中国
旧人		
ホモ・サピエンス・ネアンデルターレンシス（ホモ・ネアンデルターレンシス）	30 万年前	ヨーロッパ、中東、シベリア、中央アジア
新人		
ホモ・サピエンス	30 万年前	全世界

頑丈型猿人（アウストラロピテクス・エチオピクス、アウストラロピテクス・ボイセイ、アウストラロピテクス・ロブストゥス）をパラントロプス属に分類する意見もあります。ネアンデルタール人は、ホモ・サピエンスの亜種とする意見も、ホモ・ネアンデルターレンシスとして別種にする意見もあります。

ホモ・エレクトゥスよりも新しい原人と旧人の分類については意見が分かれているため、ネアンデルタール人以外はここに示していません。年代は化石証拠に基づいた数値です。遺伝学的な研究によれば、ネアンデルタール人の系統と私たちの系統は約 60 万年前に分かれています。

ヒトとサルの骨格図

本文中では巻頭「骨格図」と記しています。

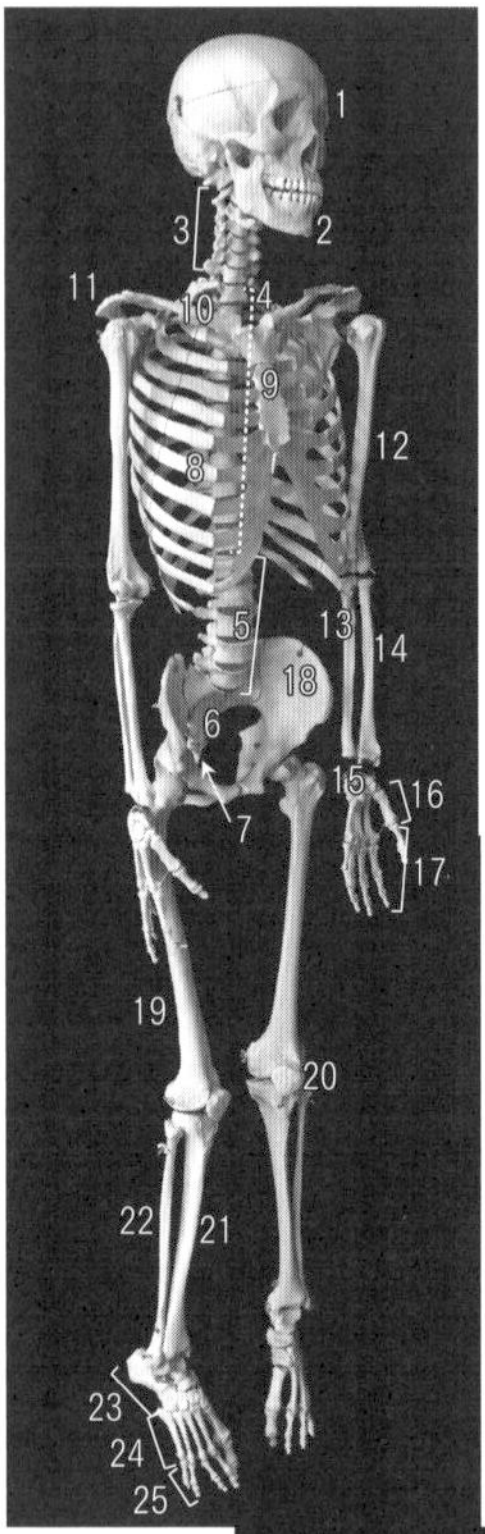

1　頭蓋骨（とうがいこつ）
2　下顎骨（かがくこつ）
3　頸椎（けいつい）
4　胸椎（きょうつい）
5　腰椎（ようつい）
6　仙骨（せんこつ）
7　尾椎（びつい）
8　肋骨（ろっこつ）
9　胸骨（きょうこつ）
10　鎖骨（さこつ）
11　肩甲骨（けんこうこつ）
12　上腕骨（じょうわんこつ）
13　尺骨（しゃっこつ）
14　橈骨（とうこつ）
15　手根骨（しゅこんこつ）
16　中手骨（ちゅうしゅこつ）
17　指骨（しこつ）
18　寛骨（かんこつ）
19　大腿骨（だいたいこつ）
20　膝蓋骨（しつがいこつ）
21　脛骨（けいこつ）
22　腓骨（ひこつ）
23　足根骨（そっこんこつ）
24　中足骨（ちゅうそくこつ）
25　指骨（しこつ）

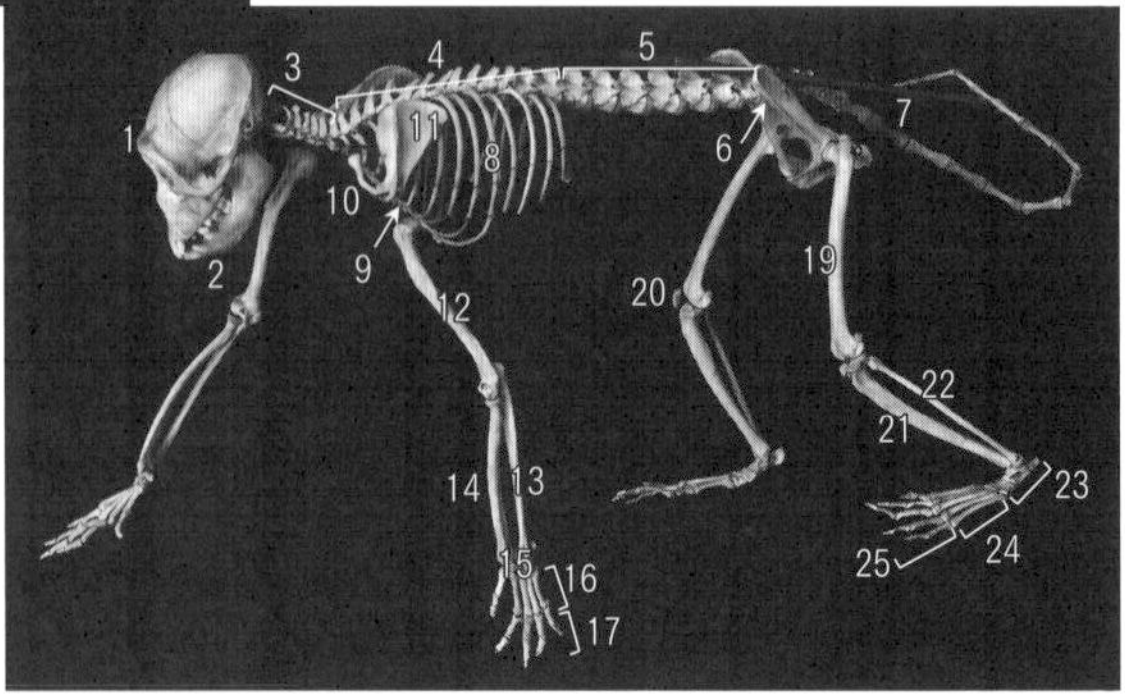

第 1 章

化石の研究方法

発掘調査って何をするんですか？

まずは調査地の選定です。山越え谷越え向かいます。

地層の種類と年代が鍵

地表の岩石は大きく三つに分けられます。既存の岩石や土砂が水中で堆積して固くなった**堆積岩**、火山から流出する溶岩などからなる**火成岩**、そして堆積岩や火成岩が高温・高圧で変成した**変成岩**です。陸棲の脊椎動物化石を見つけるのなら、川や湖沼で堆積した堆積岩（陸成層）が分布している地域で、見つけたい化石が生きていた年代の地層を探します。例えば、類人猿の化石を探すならば、新第三紀（約2300万年前以降、巻頭「地質年代表」参照）の地層を探して、そこで調査が可能か検討します。どこで探すにせよ、こういった基本的な地質学の情報を事前に確認しておく必要があります。

現地の状況を知る

大抵の有名な化石産地は、乾燥した荒れ地が多く、まともな道がありません（図1）。日本のように高温多湿で酸性土壌の環境では骨が分解されやすいので化石は残りにくいですし、人が住んでいるところでは住宅地や農地になっていることが多いからです。例えばミャンマーでは、国土の真ん中を南に流れているイラワジ川流域の低地帯は雨季でも比較的雨の少ない地域として知られ、生えている樹も低木が多く化石が残りやすい環境です。現地の砂や泥からなる地層はイラワジ層と呼ばれ、さまざまな化石が見つかることが昔から知られていました。しかし川は湖沼と比べ流れが速いので、化石がばらばらになってしまうことが多く、骨格がつながった状態ではあまり見つかりません。また小さくて軽い骨はどんどん流されてしまうので、齧歯類《げっしるい》（ネズミの仲間）などの小型動物の骨もあまり含まれていません。

図1　ボリビアの3800 mの山中でテント（矢印）を張って調査をしました。富士山より標高が高いので高山病になるし、日中は灼熱地獄、夜は極寒地獄で大変でした。

イラワジ層とほぼ同じ年代の地層としては、インド北西部からパキスタン北部に広く分布しているシワリク層が有名です（巻末「地図」⑭）。どちらもヒマラヤ山脈が隆起する際の川や湖沼の土砂が大量に流されて堆積した地層ですが、シワリク層は湖沼性の堆積層が中心なので、小型動物の化石も大量に見つかります。このように場所の事情によって見つかる化石に偏りがあるので要注意です。

現地へのたどり着き方

地質図や論文などから候補地を決定したら、現場でどのように調査を行うかを決めます。化石調査の現場は、大抵

図2　牛車は現地では最強の乗り物です。どんなところでも通れるのですが、乗り心地は良くありません。

図3　小さな歯がたくさん見つかったので、周辺の土を掘っています。

人があまり住んでいないところなので四輪駆動車で行けるところまで行って、その後数時間歩くこともあります。ボリビアでは現場にベースキャンプ（宿泊基地）をつくって調査をしました（図1）。ミャンマーでの調査では奥地の村までまともな道がなかったので、ゾウや牛車に乗せてもらったこともありますが（図2）、やはり最後は歩かないと着けません。数時間は平気で歩ける体力と気力が必要です。

現場に着いたらＧＰＳ（全地球測位システム）で場所を確認し、地質班と化石班に分かれて調査を始めます。ＧＰＳがなかった頃は現地の地図と磁石を頼りに行動していたので迷子になることも多かったのですが、昨今では平坦な場所ならばすぐに衛星の電波がキャッチできるので、どこにいるかわかります。文明の威力ですね、便利です。

化石を見つけたら

化石を見つけたらとりあえず写真を撮り、サンプル袋に入れて保管します。宿に帰ってからの整理作業で重要な化石だと判明することもよくあるので、ＧＰＳで位置確認をして、誰が、どこ

図 4　村の近くの池で、網を使って土を洗っています。５分程で土の量は３分の１くらいになります。

図 5　乾燥させた土を白い皿の上にのせて、丹念に探します。

で、どんな風に見つけたかをフィールドノートに記録します。また、壊れやすい化石の場合は、トイレットペーパーなどで包み、齧歯類の歯などは小さなカプセルに入れて持ち帰ります。

歯の付いた顎や壊れていない四肢骨《ししこつ》など「良い化石」が見つかった時は、翌日から現場周辺の土を掘って（図3）、水で洗い（図4）、乾燥させます（水洗篩《ふる》い分け法、スクリーンウォッシュ）。その後、小分けにして、小さな化石を拾い上げます（ピッキング、図5）。数㎜程度の小さな齧歯類の歯などはこうやって収集します。

ベースキャンプでは地質班と一緒に見つかった地点の層準（地層内の位置）がどのように現場に広がっているのかを検討して、翌日以降の方針を決定します。また、採集した化石の分類群と部位を同定して、写真を撮ってから番号を付けます。設備の整っていない現地ではなかなか大変な仕事ですが、この作業を何日も続けているといろんな動物の化石を同定できるようになります。皆さんも、あちこちで行われている発掘調査にボランティアや実習で参加してみてはいかがでしょうか？「百聞は一見にしかず」です。

化石とただの石は区別できますか？

ちょっとした色と形の違いで見分けています。

人生いろいろ、化石もいろいろ

化石とは、過去の生物の遺骸または生活の痕跡などを指しますが、動物の巣穴や足跡などを除けば、歯や骨が石化して固くなったものがほとんどです。生物の体は死ぬと腐敗してバラバラになりますが、場合によっては骨だけが残されて、水に流されたりして地中に埋まります。その上に地層が重なっていくと強い圧力がかかって骨の成分が変化（例えば炭素が珪素に置換する）して石化します。そして何百万年も経ってから再び地表に現れた時、運が良いと私たちの目にとまることになります（**図6**）。

こういった化石と路傍の石で何が違うかというと、「色」と「形」です。一般に、化石は白いことが多く、割れ方が不自然な形をしているため、石と区別できます。でも、黒い歯の化石が自然な丸味を帯びていることもあるので、一概には言えません（**図7**）。ただし、歯の化石は表面の**エナメル質**と呼ばれる組織が光沢をもっているので、大抵は区別が付きます。探す際のコツは、腰をかがめて視線を下げることですね。少し辛い体勢です。

図6（左） 地表に散らばった化石の破片。腰をかがめて探している時はこの程度しかわかりません。ほとんど役に立たない化石ばかりですが、よく見ると使えそうな歯の化石が右下の方にあったので（円で囲んでいます）、膝をついて探してみました。
（右） 化石を拡大してスケールをあててみました。ウシ科の動物の右下顎小臼歯の破片です。頬側面（外側）が見えていますが、エナメル質表面に光沢があります。

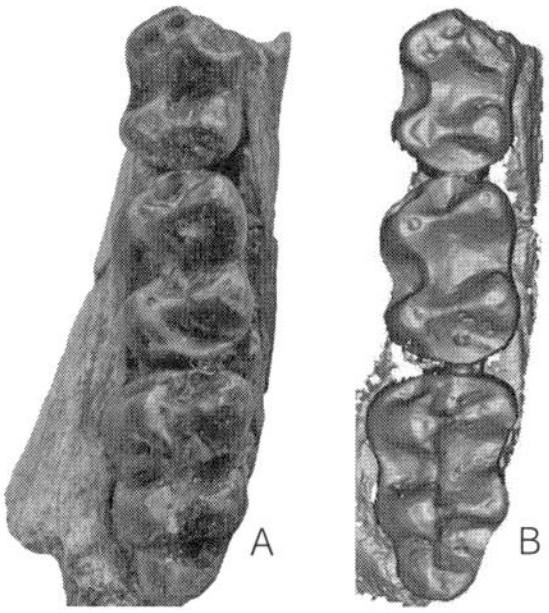

図7 ミャンマーで見つかったコロブス類のサル（ミャンマーコロブス）の左下《か》顎骨《がくこつ》標本の写真（A）と三次元画像（B）。歯の咬合面から見た写真ですが、あまりすり減っていない大臼歯が3本残っています。スキャンした三次元画像だと見やすくなりますね。

内部を観察してみる

どうしても石と化石の区別ができない場合は、研究室に持ち帰って内部を観察します。以前は特別なカッターで切断して判断していたのですが、近年はX線CTというものが開発され、破壊しなくても内部の構造がわかるようになりました（次頁図8）。例えば、歯の構造は、外側のエナメル質と内部の象牙質からできていて、動物によってはエナメル質の隙間や歯根の象牙質の表面にセメント質という物質が付着していることがあります（59頁図9参照）。このパターンが動物によって違うので、内部のX線画像さえ撮れれば、石と区別できるだけでなく、どんな動物の歯か同定もできます。また、

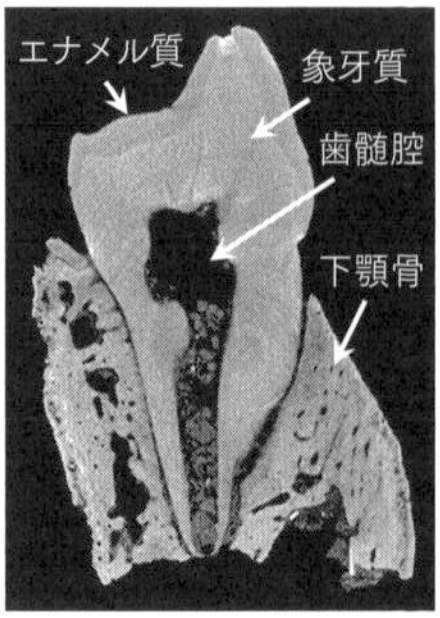

図8　図7の化石歯をX線CTで撮像してみました。一番外側の濃い灰色の部分がエナメル質、その内側のやや白っぽい灰色が象牙質です。歯の内側には神経や血管が通る空洞（歯髄腔）があります。歯の両側にあるのは下顎の骨です。

骨の内部構造は表面の皮骨と内部の海綿骨に分けられ、同じくX線画像により骨のどこの部分かもある程度わかります。なお、哺乳類とハ虫類では骨の成長線なども異なっているため、容易に区別できます。

哺乳類の化石は歯が命

化石として見つかる生物の遺骸で一番多いのは骨ですが、最も化石になりやすいのは歯です。歯は物を食べる際に最初に使う「道具」なので、生物の体の中で最も固く、化石として残りやすいのです。魚類やハ虫類では基本的にすべての歯が同じ形をしていて（同形歯性）、何度も生え替わるので（多生歯性）、化石としてたくさん見つかります。一方、哺乳類では歯が4種類（切歯《せっし》・犬歯《けんし》・小臼歯《しょうきゅうし》・大臼歯《だいきゅうし》）からなっていて（異形歯性）、1回しか生え替わりません（二生歯性）。哺乳類の歯の化石は数は少ないのですが、形が複雑なので種の同定には有効です。サルにもこの特徴が見られます。特に大臼歯が見つかると、たとえ破片でもその個体の体サイズや食性が推測でき、種の同定もできます。近年では、こういった化石歯のエナメル質から炭素や酸素の**安定同位体**というものを採取して化学的に分析しています（62頁参照）。

コラム　化石を見つけるには

下を向いて探そう

　どうやって化石を探すのかとよく聞かれるのですが、とにかく眼の位置を低くして、ひたすらゆっくりと歩きながら探すだけです。そして何か変わった形や色の物があったら、その都度腰をかがめて拾い上げます。拾った物が化石だったらその場にしゃがみ込んで、時には膝をついて探します。経験的にいうと、一つ化石の破片があればその周り半径1m以内に数個から十数個の化石が見つかります。しかし、骨の破片だけでは何もわからないので、大抵は15分くらい探して良い化石が見つからない場合は、次の場所に移動します。何の化石かわかった時には、どんどん目線を下げていって、最後は腹ばいになって探します（図9）。齧歯類《げっしるい》（ネズミの仲間）の顎などは、このくらい目を近付けないと見つからないのです。

　実に単純明快な作業ですが、これを炎天下で続けていると頭がボーッとしてきます。頭の中にはあの名曲「上を向いて歩こう」が流れてきますが、こちらは「下を向いて探そう」です。化石探しに最適なテンポの曲ですが、「あっちに行ったら化石が山のようにあるんじゃないか……」と勝手に思い込んでどんどん歩きだしたらもうダメです。歩く速度が早くなればなるほど化石は見つかりません。実は、化石をたくさん見つけるのは、真面目な人より座り込んでなまけている人だったりします。

図9　倒れているわけではありません。真剣に探すとこうなります。こういう状態の隊員を見つけると、皆すぐに集まってきます。獲物を横取りしようとするハイエナと同じですね。左側のしゃがみ込んでいる人がまさにそれです。

みんなライバル

調査隊に新人の学生を連れて行くと、「これ、何ですか?」と言って化石を持って来たりします。こちらはルーペを片手に、「ほう、これはプロポタモコエルスの右の上顎の第3大臼歯の近心部の破片だな。どこで見つけたんだ?」などと呪文のようなことを言って、現場を案内させます。他の隊員にはまだ知らせません。まず自分が最初に行って、もっと良い化石を見つけてやろうと思っているのです。皆に知らせるのは、一通り探してからで十分です（笑）。

ところで、それぞれの隊員は自分が専門としている動物があります。サイやゾウの研究者はかなり大きな骨を探していますが、齧歯類が好きな人は、もっとずっと小さな物しか眼に入りません。化石探しの眼の解像度（?）が違うので、見つけてくる化石のサイズに違いがあるのが面白いですね。

ちなみに、ミャンマーでの調査では、調子の悪い隊員はどこにでも転がっているワニかカメの化石を拾ってきます。何か手土産がないとサボっていたと思われるからですが、そういう化石は大抵不要なので現場で積み重ねられて「パゴーダ（仏塔）」として供養されることになっています。

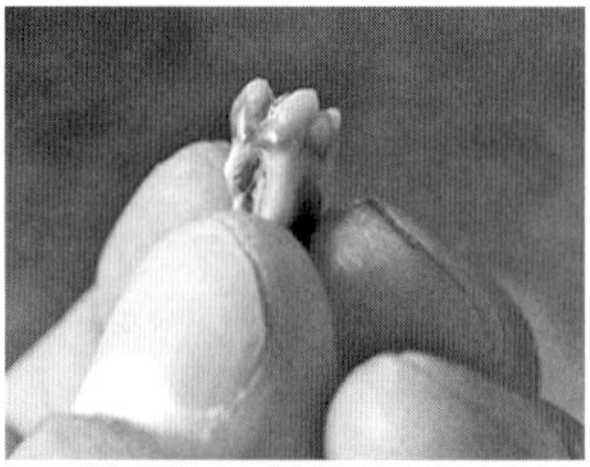

図10　見つかったコロブス類のサルの歯（上顎の大臼歯《だいきゅうし》）。尖っている部分を咬頭《こうとう》といいますが、この形でサルの種類がわかります。後日、インドによくいるハヌマンラングールというサルの化石と同定されました。

学名はどうやって決まるんですか？

化石の特徴や由来をもとに付けられています。

二名法とラテン語

現代の生物学では地球上のすべての生物には、属名＋種小名からなる学名が付いています。これは18世紀のスウェーデンの博物学者・分類学者カール・フォン・リンネが提唱した二名法という分類体系です。人間でいえば「名字」と「名前」にあたり、すべての生物に違う学名を付けることになっています。また、世界中の人が自国の言語で勝手に命名すると収拾がつかなくなるので、公平にラテン語で統一し、表記する際は学名であることを示すためにイタリックを採用することになっています。

例えばわれわれヒトは**ホモ・サピエンス** *Homo sapiens* という名前が付けられていますが、ホモはラテン語で「ヒト」、サピエンスは「賢い」という意味ですから、「賢いヒト」という意味になります。命名したのはリンネですが、地球上の生物でヒトが一番賢いと考えたのでしょう。

ちなみに霊長目は Primates と書くのですが、これは「最初」とか「最高」という意味で、分類体系を提唱したリンネの本の最初の動物群が霊長類だったことに由来するようです。日本語の「霊長」も、中国の歴史書『書経』にある「万物の霊長」という文章から採用したようなので、ほぼ同じような意味になります。「最初目」とか「第1目」と翻訳しなかったところに翻訳者のセンスの良さを感じますね。

上位分類と先取権

われわれヒトは「**ホモ属サピエンス種**」という名前ですが、このままでは他の動物との類縁関係がよくわかりません。そこでリンネ以降の学者達は、属の上に「科」というグループを作り、科をまとめて「目」というランクを作りました。ヒトは、他の類人猿とともにヒト科に含まれ、他のサル達と共に霊長目にまとめられています。研究が進むにつれ、この「目」、「科」、「属」の間により細かいランクが設けられ、今では霊長類の分類は非常にややこしいことになっていますが（巻末「分類表」参照）、あまり細かいことを覚える必要はありません。また、属以上の高次群は研究の進展によりランクが変更されるので、あまりこだわる必要もありません。例えば、本書でも霊長目というと分類学的には正確ですが、ちょっと堅苦しくて言いにくいので、普段は霊長類と書いています。本書で知らないサルの分類群が出てきたら、分類表を見直してどんなサルに近いのかを確認してもらえば十分です。

ところで、研究が進むと新しい名前が必要になることがあります。特に化石の場合は新しい種になることが多いので、その名前の付け方にも厳密な規則があります。簡単にいうと、先に付けた名前が優先です（先取権）。異なる研究者が同じ生物（の化石）を発見して別々に命名してしまった場合、命名した標本（模式標本）を記載した論文が出版された年月日で優先権が決まります。近年ではインターネット上の論文で記載されることもあるので、先取権の扱いはより慎重になっています。

学名の意味

学名というのはラテン語でできているので、われわれ日本人にはさっぱり意味がわかりません。しかし、よく使われる言葉や語尾について多少の知識があると、ある程度の推測ができるようになります。例えば、サルの学名によく使われている「ピテクス」は、ラテン語で「サル」を意味しています。また人類化石で頻出する「アントロプス」というのは「ヒト」です。昔、インドネシアから見つかった原始的なヒトの化石（ジャワ原人）に「**ピテカントロプス**」という属名が付いていましたが、これは文字通りに訳すと「猿人」という意味です。「ピテカントロプス」は、今ではホモ属に含まれて**ホモ・エレクトゥス**と改名されているので、ピテカントロプスという属名は消え、日本語でも「原人」と呼ばれるようになってしまいました。ちょっと残念な学名ですね。

また、化石の種名の語尾に「エンシス」という言葉がよく付いていますが、これは地名を意味しています。ヒトの直接の祖先とされている猿人化石に**アウストラロピテクス・アファレンシス** *Australopithecus afarensis* という種がいますが、この意味は「アファール地域で見つかった南のサル」です。命名した研究者は人類の祖先の化石を見つけたつもりだったのですが、学名はその意図とは少し違ってしまったようです。

余談ですが、化石が好きな人は恐竜やゾウの化石の名前もよく知っているでしょう。**イグアノドン**

図 11　ステゴドンゾウの上顎臼歯を側面から見たところです。ひっくり返して展示しているのですが、尖った咬頭がつくる複数の三角形が建物の屋根に見えますね。（ミャンマーのマグウェー大学地質学部の所蔵標本）

Iguanodon とか、**ステゴドン** *Stegodon* とか、よく「〇〇ドン」という名前が付いているのはなぜなのでしょうか？ 実は「ドン」というのは**歯**を意味する「ドント」からきていて、化石として残りやすい歯の形から付けているのです。イグアノドンは「イグアナの歯」、ステゴドンは歯の咬頭《こうとう》が屋根のような形をしていたので「屋根のような歯」と付けられたといわれています（図11）。

少しは学名が身近になりましたか？ 意味を知ると学名が身近に感じられますよね。

基礎知識

年代区分とは

化石によるものさし

地球の歴史は約46億年とされていますが、地球上の生物相の変化を基準として、地層から見つかる生物種の相対的な違いなどを元に区分したものが**地質年代**です（次頁図12）。各年代を区別する基準は、その年代から見つかる化石種（示準化石）の有無です。ただし地域によってその組合せや変化のパターンが違っています。また、海成層（海底の堆積物）であれば海の生物、陸成層（川や湖沼の堆積物）であれば陸上の生物の化石が元になっています。また植物と動物では組合せが変化する時期も異なっているので、各大陸や地域で年代区分が異なっています。古生物学者は各地の化石の出現パターンを比較して、年代区分の対比を行い、常に細かな改訂をしています。

地球の年代はまず四つの累代に分け（冥王代・太古代・原生代・顕生代）、そのうちの顕生代を三つの年代（古生代・中生代・新生代）に区分します（巻頭「地質年代表」参照）。中生代は恐竜（またはハ虫類）の時代、新生代は哺乳類の時代などと呼ばれます。霊長類が他の哺乳類から分岐したのは中生代白亜紀の後半とされていますが、化石記録としては新生代暁新世になってからです。

新生代は古第三紀（暁新世・始新世・漸新世）・新第三紀（中新世・鮮新

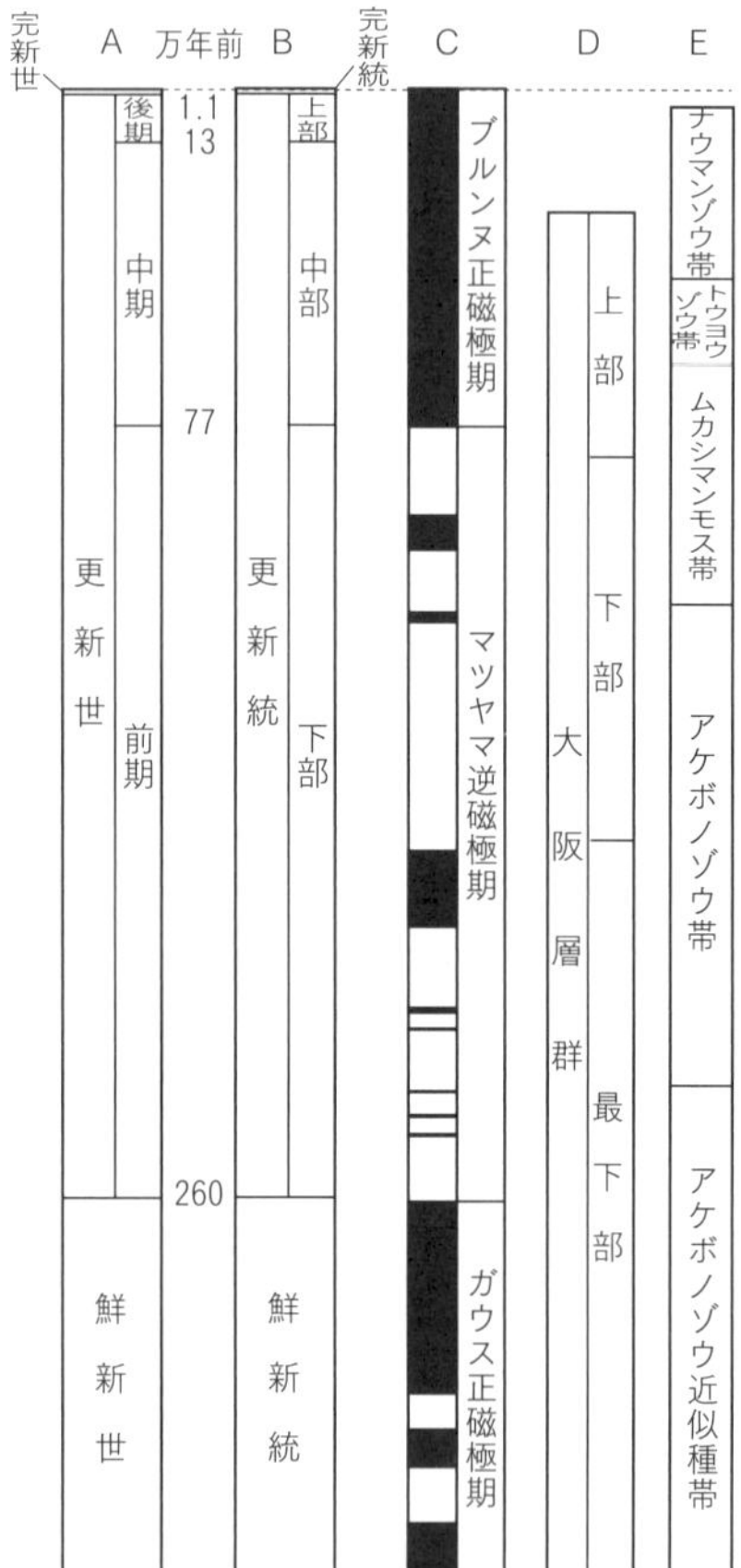

図 12　大阪平野を中心に分布する大阪層群における地質年代（A)、年代層序区分（B)、古地磁気層序（C)、地層区分（D)、ゾウの化石による分帯（E）の比較。地質年代と年代層序は一致するが、実際の地層（大阪層群）では中期更新世後半の地層は存在しないことに注意して下さい。また日本ではゾウは約 2 万年前に絶滅しているので、それ以降はゾウ化石による分帯はできません。古地磁気層序に関しては、18 頁を参照。（[1] p. 62 を改変）

世）・第四紀に分けられますが、ヒトの時代（または人新世）といわれる第四紀は約260万年しかないので、地質年代としてはほとんど瞬間でしかありません。

地層によるものさし

地質年代と混同されやすい概念として、**年代層序区分**があります。少し難しい言い方ですが、地層の年代的な分類のことです。地質年代は時間的な区分ですが、それに対応する「堆積物」として地層は実際に存在しているので、時間的区分とは別の地層名が必要です。例えば新第三紀の中新世に堆積した地層名は、新第三系の中新統という呼び方をします。

ところで時間の経過は常に一定ですが、地層の堆積速度は常に一定ではなく、時々地層が堆積しないこともあります（不整合といいます）。したがって、見つかった化石が出土した地層を説明する場合は「中新統上部から見つかった……」と書くことになりますが、化石自体の年代がわかっている時は「後期中新世の○○の化石が……」というような説明になります。聞き慣れない言葉が出てきた時は地質年代に基づいて話しているのか、年代層序に基づいて話しているのかを区別して下さい。

基礎知識

年代測定法とは

放射年代測定法・古地磁気編年法

化石の年代を推定するには、**直接化石から計測する方法**と、**化石が見つかった地層から年代を推定する方法**の二つがあります。前者の代表例は、骨や歯に含まれる放射性炭素同位体（炭素14、^{14}Cと書く）の割合を計測する方法で炭素14法とも呼ばれます。理論上の測定限界が約6万年しかないので、一般的には考古学の世界でしか使用されません。一方、後者の手法は堆積物に含まれるさまざまな鉱物を対象に計測することができるので、古生物学の世界ではこの方法で年代測定を行います。

化石は生物の遺骸からできています。化石が出土する地層の年代は、二次的に化石が流されていない限り、その動物が生きていた年代と同じです。そこで、地層に含まれている鉱物の放射年代を測定するか（**放射年代測定法**）、対象とする地層の上下の地層に含まれている鉱物の残留磁気を計測して、その磁気のパターンから相対的な年代を推測します（**古地磁気編年法**）。

放射年代測定法は特定の放射性同位体の壊変と時間の関係から年代推定をする方法と自然放射線による固体物質内の損傷を利用する方法の二つがあります（図13）。前者はカリウム-アルゴン法、ウラン-鉛法など元素の種類で分けられますが、冒頭の^{14}C法もこの1種です。もともとあった放射性同位体

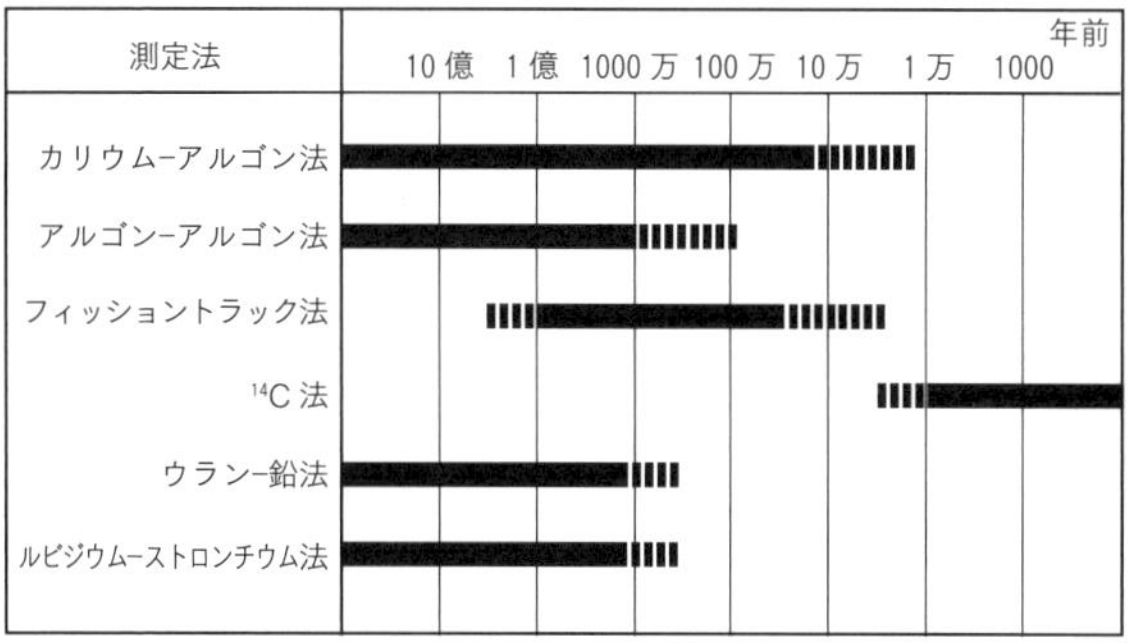

図 13　主な絶対年代測定法の適用範囲

の比率が半減する時間（半減期）の長さによって推定できる年代が違う点が重要です。後者はウランなどの放射性同位体が崩壊する際に生じる放射線によりガラス質の物質やジルコンなどの鉱物に付けられる傷の数を計測して年代推定をします。フィッショントラック法が代表的で、適用できる年代は数千万年～数万年前と幅広いのですが、少し精度が落ちるのが難点です。

一方、古地磁気編年法は少し違った手法です。地球は磁場としての北磁極と南磁極があり、「大きな磁石」と考えられます。この磁石は長い地質年代の間に位置が大きく変動し、時には地磁気が逆転したことがわかっています。一方、堆積物中に含まれているいくつかの微少な鉱物は、堆積していく際にこの地球の磁場に従うかたちで方向を変えて固結していきます。したがって堆積物中の鉱物の方向を測ることで、地球の磁極の変動パターンと照合することが可能です。特に正負の磁極の反転パターンはかなり精密に解明されているので、対象とする地層の年代がある程度絞り込めていれば、どんな年代でも適用することができます（16頁図12参照）。

地質学者はこういったさまざまな年代測定法を組み合わせることにより、より精度の高い地層の年代推定を行います。複数の地層の年代が推定できれば、その年代値に挟まれた地層から見つかった化石の年代も推定できるという理屈です。ただし堆積環境によっては、対象とする化石が二次的に再堆積した可能性もあるので、実際の発掘現場の状況を詳しく調べる必要があります。

相対年代による推定

こういった年代測定法を説明してもらうと、どんな化石でもすぐに年代推定が可能なような気がしてきますが、実際は絶対年代測定が可能な鉱物が含まれている火山性の堆積物がないと適用できません。近くに火山がない地域では、出土する化石の組合せによって年代推定をします。例えば、哺乳類化石の研究者が集まって作成している**陸棲哺乳類年代区分** Land Mammal Age に従えば、かなりの精度で年代推定ができます。もちろん大陸や地域によって棲息していた動物種が違うので地域別に分けられていて、北米やヨーロッパなどがかなり正確に区分できるのに比べて、アジア・アフリカ・南米などはまだまだ年代区分に欠落部分があります。

しかし地続きであったヨーロッパと西アジアなどは、動物群の出現年代や絶滅年代、そして大陸を越えての移動などをかなり追えるようになってきました。こういった年代区分で重要なのが、齧歯類《げっしるい》（ネズミの仲間）などの小型の動物です。小型の動物化石はなかなか見つけるのが難しいのですが、彼らは世代交代の間隔が短く、急速に進化して分布域を広げることが多いので、かなり正確な年代推定ができますし、地域間の動物相の交流も示してくれます。哺乳類を対象とする古生物学では、齧歯類の化石こそが王道ともいえます。

化石の研究はどんな風にするんですか？

模型づくりからスタートして、よくよく観察します。

複製模型のつくり方

現場でうまい具合に化石を見つけたら、日本で研究をするために複製模型をつくります。日本での調査ならば実物の化石を研究室に持ち帰って自由に観察や計測ができますが、外国で発見した化石は日本に持ち帰るのが難しいことが多いためです。また、貴重な標本を観察しているうちに、化石が壊れてしまったら一大事です。最初に写真を撮っておいて、次に細心の注意を払って模型作成を始めます（次頁図14A）。複製模型をつくる作業は、実物（化石）の**モールド**（**雌型模型**《めがたもけい》）を採取する作業と、そのモールドから**キャスト**（**雄型模型**《おがたもけい》、**複製模型のこと**）をつくる作業に分かれます。皆さんが博物館などで見かける恐竜の骨格模型は、このキャストのことです。

現地ではモールドを採取するのですが、これがなかなか大変です。モールドを採取する前に化石を洗ってクリーニングする必要がありますが、そんな設備や環境が整っていることはまれです。とにかく与えられた環境で何とかします。

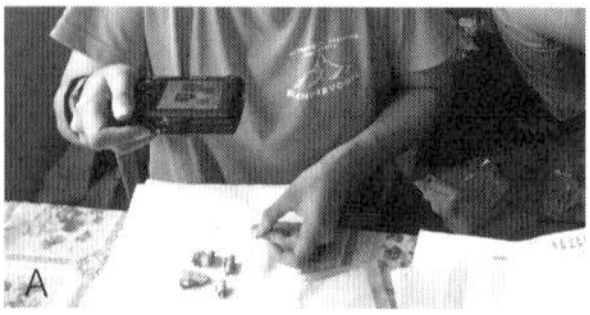

図 14　まず写真を撮り（A)、次に化石にシリコンを押しつけてモールドをつくり、壊さないように慎重に取り外します（B)。机の真ん中にあるのがカートリッジ型のシリコンで、その右にあるカップ状の容器がパテ型シリコンです。

モールド（雌型模型）のつくり方

モールドのつくり方は対象とする化石の状態によって異なりますが、だいたい10万年以上前の化石はかなり固結しているので、シリコンでモールドをつくっても問題ありません。大型雑貨店などで質の良いシリコンが手に入るようになりました。模型に使うシリコンは粘性が低いので、粘土や板などを使って化石の周りに枠をつくり流し込んでモールドを形成します。この時、泡が入らないようにすることと、化石が壊れないようにすることに留意します。どんなテクニックが必要になるかは化石の形や保存状態によっても違うので、いろいろ試行錯誤します。

私の研究室では、主に化石の歯の形態を解析しているので、歯医者さんが使う「歯科用シリコン」を使用しています。ペースト状のベース（主剤）とキャタリスト（硬化剤）を均等に混ぜると急速に固まるので、短時間で精密なモールドが採取できます。カートリッジタイプのものを利用して、現地で作業をしています（図14)。

しかしこのシリコンは高価なので、歯冠部（歯の先端部）のような微妙な形の部分以外は、カップ状の容器に入った安価なパテ型の歯科用シリコンを使用します。両者を組み合わせることで、変形しないしっかり

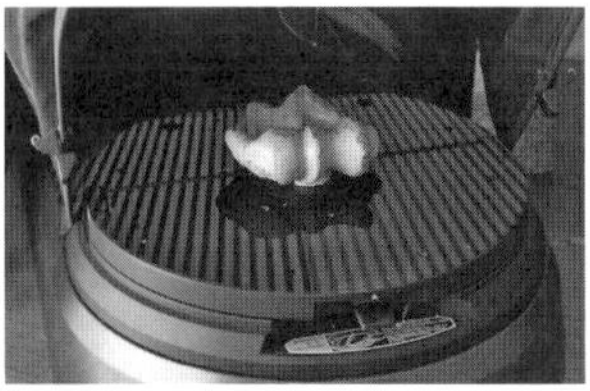

図 16　3D スキャナ型三次元測定器でスキャン中です。対象物の左右から光をあてて生じる縞投影画像を読み取ることで三次元データを得ることができます。

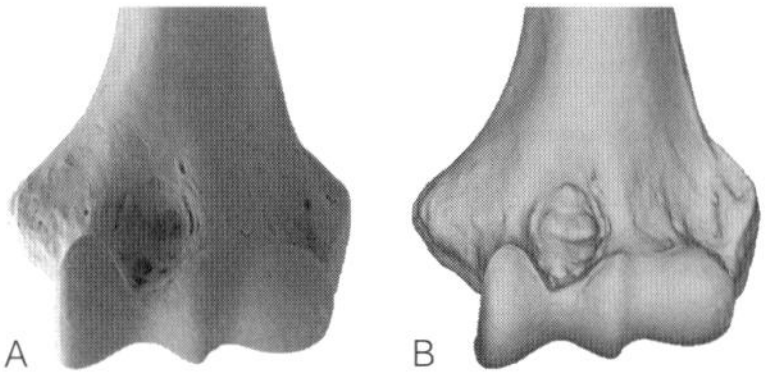

図 15　キャスト（A）を計測したデータを画像にして（B）、さらに細かな解析のために無数の三角形で表記したデータ（ポリゴンという）にすることもあります。

したモールドを採取できます。

キャスト（雄型模型）のつくり方

現地で採取したモールドを日本に持ち帰って、次にキャストをつくります。最も安価で簡単にできるのは石膏ですが、精密なキャストは真空ポンプを使って泡が入らないようして、長時間かけて樹脂製（レジンなど）のものをつくります。比較的単純なものや大型のキャストは、真空ポンプを使わずに短時間で固まる材質でつくります（図15）。ちなみに、樹脂でつくる際には色付けも必要なことがあるので、目的に合わせて着色剤を混ぜます。展示用のキャストは化石に似た色を使いますが、研究に使う場合はすべてのキャストを同じ色にそろえるようにしています。

作成したキャストは三次元スキャナ（図16）で表面形状データを計測します。でも、実際に手にとって観察するのが一番です。あれこれひっくり返して、いろんな角度から何度も観察していると、それまで見逃していた特徴がわかったりすることがあります。

コラム　フィールド調査の持ち物点検

準備万端で出かけます！

どんな国のどんな地域で調査するかによって、持って行くべきものというのは変わってきます。化石が見つかる場所は乾燥していることが多いので、大抵、暑さ対策が必要です。長袖の服と作業ズボンに作業用のベストを着て、つばの大きな帽子をかぶるのが定番です（図17）。半袖やTシャツの方が涼しいのですが、急斜面で転ぶこともあるし、時には藪の中に突入することもあるので私はお薦めしません。

フィールドでは日差しがきついので、日焼け止めクリームを塗っています。腰にはGPSやカメラを付けてすぐに出せるようにしておきます。化石を拾った時にはまずルーペで観察して、小さなスケールを置いて写真を撮り、フィールドノートにメモします。そして化石をしまうサンプル袋もベストのポケットに入れておきます。地質調査を担当する人は、専用の調査バッグを肩に掛け、ロックハンマーを持ち歩くことが多いですが、化石探しをする人は柔らかい土を掘ること

図17　大きめの長袖シャツと作業ズボンを着ている隊員が多いですが、まれに半袖の人もいます。良い化石が見つかったのでしょう。皆、笑顔です。

が多いので、ホームセンターに売っている「ホームピック」を常備しています。

背中のバックパックには水筒かペットボトルを2本くらい入れておきます。水分補給は大事ですし、化石を洗うときにも使えます。大きな化石のためのサンプル袋、壊れかけの化石の応急処置用の接着剤、クリーニング用の金具の類も入っています。大物を掘り出したら背負って帰らないといけないので、バックパックはしっかりしたものが必要です。だからといってあまり大きなものを背負ってたくさん荷物を入れていると、すぐにばててしまうので注意が必要です。簡単な文献のコピーや地図を持ち歩く人もいますが、最近はスマートフォンに全ての情報を入れられるようになりました。

靴は安物を履いているとすぐに壊れてしまいますし、スニーカーのような靴を履いていると刺さったトゲが突き抜けてひどい目にあいます。多少暑苦しいのですがトレッキングシューズのような厚手のしっかりしたものが良いですね。

そして、なによりも一番大事なものは……神様の紙、**トイレットペーパー**です。何に使うかはご想像のとおりですが、忘れるとこの世の悲劇が待っているので、必ず持ち歩く必要があります。化石をくるんだり、クッションに使ったりできるので便利ですよ。

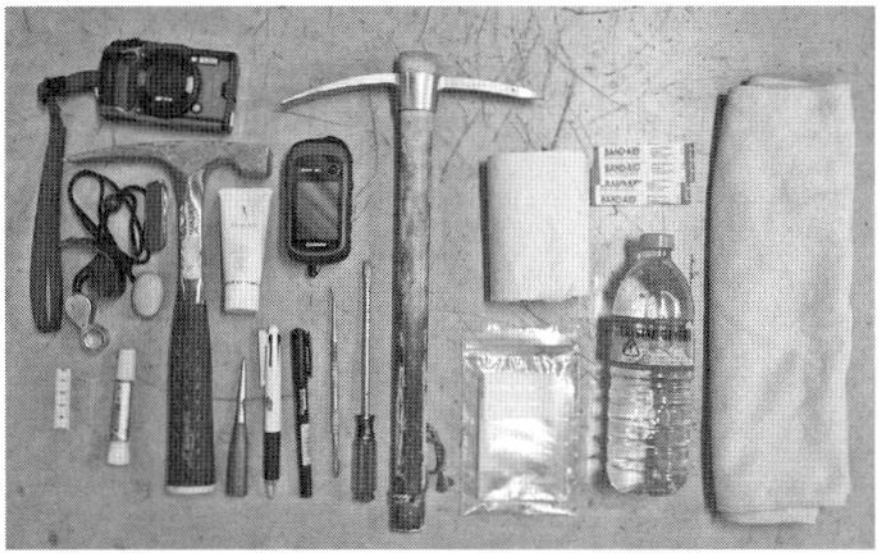

図 18　バックパックの中身です。右から、汗を拭くタオル、ばんそうこう、ペットボトルの水、神様の紙、サンプル袋、ホームピック、GPS、日焼け止め、ドライバー、金具、マジックと三色ボールペン、目打ち、デジタルカメラ、チゼルハンマー、五徳ナイフ、粘土、瞬間接着剤、ルーペ、スケール。あれっ！　フィールドノートを忘れてますね。

考古学と古生物学は何が違うんですか？

考古学は文化を、古生物学はそれ以外の過去を研究します。

人類学、考古学、古生物学の違い

　近所に行きつけの飲み屋があります。通い始めの頃は見知らぬ顔ばかりですが、何度か顔を合わせるうち、ふと会話が始まります。大学の教員だとわかると、決まって研究内容を尋ねられます。「アフリカで類人猿の化石を掘っています」と答えると、大概、考古学と間違えられます。人類学だと訂正すると、「人類学は文化を研究するのでしょう？」と怪訝《けげん》な顔をされるので、「それは文化人類学で、自然人類学というのもあるんです」と言っても、なかなかわかってもらえず、「古生物学に近いです」と言うと、何となくわかってもらえるようです。

　発掘した古いものを研究する学問はすべて考古学だと思っている人が多いようです。考古学は、（ヒトを含め）過去の生物の文化（生業《せいぎょう》）を、遺跡に残された証拠から明らかにする学問です。歴史時代の研究は、文献などの資料で研究されることが多いですが、自然科学的な方法を用いて研究する場合は、考古学の範疇《はんちゅう》になります。現代の学問領域は学際的なので、前述の定義がやや狭いのですが、石器時代を考えるなら、考古学の研究対象は文化だといってよいでしょう。

古生物学は、骨のかけらから骨格全体を復元する（誇張です）だけではありません。絶滅生物の系統関係を推定して分類体系を整えたり、何を食べたか、どこに棲んだか、どのような群で暮らしたかなど、生態や行動上の特徴の復元を試みたりもします。つまり文化以外の多様な側面を研究します。

ヒトとその近縁種の進化と適応を生物学的視点から研究する分野が**自然人類学**で、自然人類学と古生物学の重なる部分が**古人類学**です（33頁参照）。

考古学の研究材料

考古学で用いる研究材料といえば、土器や石器が頭に浮かぶでしょう。土器が広く用いられるようになったのは**完新世**ですが、石器は**更新世**が始まる以前から使われ、格段に長い歴史をもっています。石器は残りやすいのでたくさんの資料があります。大きさ・形の分類や作成法の研究の他、材料の産地特定、表面に残った傷や残留物から使用目的を調べたりもします。道具として用いられた骨や角《つの》なども、化石になり残ることがあります。

その他に遺跡の研究もあります。遺跡といっても、定住していない時代の人類遺跡の多くは、解体した動物の骨や石器が散らばったキャンプ跡です。食用した動物の種類・年齢、利用部位、解体手順、使った石器の種類などを分析します。火を管理するようになると炉の跡も見られます。また洞窟遺跡が現れます。さらに新しい時代では、テントの支柱のようなものを立てた穴が発見されることもあります。埋葬に関する研究もあります。埋葬姿勢、骨につけられた傷、あるいは一緒に埋められた物の研究も行われます。

約5万年前よりも新しい時代では（後期旧石器時代）、道具やその他の加工品（装飾品など）の種類と量が著しく増えます。[2] 洞窟壁画も描かれるようになります。石器時代の考古学として多くの人が想像するのは、この頃の時代です。

古生物学の研究材料

古生物学研究の材料は、基本的に化石です。化石には骨や歯が鉱物に置き換えられたものの他、活動の痕跡を記録した生痕《せいこん》化石もあります。人類でいえば、**足跡《あしあと》化石《かせき》**です（125頁図4参照）。骨や歯は水などによって運ばれ、元の場所を離れることが多いですが、足跡はその場にいた証拠になります。

骨や歯の化石を見て、生態の復元を行うためには、現存する動物で「関連付け（物差し）」をつくる必要があります。骨や歯の特徴と生態特徴の両方を観察して関連する特徴を探し、それを絶滅動物に応用するのです。しかし、現存する動物と絶滅した動物は同じ系統であったとしても種類が違いますから、関連付けの信頼性に注意することが必要です。

しかし、直接的な分析が行える場合もあります。化石の**安定同位体分析**から、その生物が利用した食物資源の種類、暮らした環境（植生、乾燥度）を分析することも行われます。人類の足跡化石は、二足歩行を実際記録しているので、類推ではないですね。ただし、歩幅から歩行速度を計算したり、足跡の形状分析から歩き方の特徴を復元したりするうえでは、類推も入ります。

「石器時代」のチンパンジー

注意深い人なら、冒頭に、考古学の研究対象を過去の生物の文化と書いている点に「あれ？」と思ったかもしれません。わざと人類と書いてはいないのです。

類人猿などの霊長類も野生状態下で道具を使うことが知られています。そうした行動を**文化的行動**と呼びます。彼らの道具の多くは植物質なので、長期は残りません。したがって、考古学の研究対象にはなりません。しかし、石ならどうでしょうか。実は、チンパンジー考古学の論文もあるのです。

西アフリカ、コートジボワールのタイ国立公園に棲息する野生チンパンジーは堅いパンダの実《ナッツ》を石で割って中身を食べます。地面に埋まった台石の上にナッツを置き、手に持った石を上から打ち付けるのです（図19）。石が使用中に割れると、新たに石を持ち込む必要があります。頻繁に利用される台石の周りにたまった殻の発掘を行い、年代測定すると、少なくとも4300年間、たまったことがわかりました。殻と一緒に回収された割れ石がどこから運ばれてきたか、初期人類の打製石器と大きさや形がどのように違うかなどが分析されました。[3][4] 意図的に加工した石器ではないですが、初期人類も同じ段階を踏んで打製石器をつくり始めたと考えられます。こうなると十分に考古学です。調査を行った研究者がほのめかしたように、「パンダン文化」と命名してよいかもしれません。

図19　パンダナッツを石で割るタイ森林のチンパンジー。パンダナッツは人間も食用にします。（亀井乃亜画）

基礎知識

記載と復元とは

化石種（形態的種）

古生物学は化石を記載し分類すること（同定という）から始まります。調査で見つかった化石はこの世でただ一つの標本ですが、大抵は似たような化石種がすでに見つかっていて、どこかで報告されています。なので、まずそういった報告書や論文を探して文献を入手し、該当する種や属がわかってきたら、その元になった記載論文を入手します。そこには化石種をなぜ新種としたか写真や図表とともに理由が述べてあります。対象とする化石がその記載論文の記述と違っていたら、新種の可能性があります。現生の生物と違って化石は生きている状態を見ることはできないので、あくまで化石として残っている硬組織（つまり骨や歯の形態）を中心に記載します。こういった種の定義は現生種における交配可能な個体の集まりという定義とは異なっており、「化石種」とか「形態的種」と呼ばれます。

形の違いというのはどこを計測するかによって違ってくるのですが、十分に標本数があり、計測値の分布パターンにギャップ（不連続性）があれば、それが「形態的種」の違いとして認められることになります。逆に、標本数がさらに増えて、別種とされていたグループ間の計測値のギャップが埋まってしまうと、両者は同じ種として再定義されることになります。あるいはオスとメスで形や大きさに違いがある動物では、異なる種とされていたものが性的二型として見直されることがあります。アフリカで見つかる猿人（例えば、華奢型のアウストラロピテクスと頑丈型のパラントロプス）では、こういった再編成を何度も繰り返してきました。

われわれ、化石の研究者（化石屋さんと呼ばれます）は、数少ない標本間の形態的な違いを見つけ出して新種を記載することにすべての時間を費やしているといっても過言ではありません。そのためには化石標本のどの部分に着目して、どのように計測し、そしていかに論文の査読者を納得させる説明をするのかが重要です。文章での説明だけではなかなかわからないこともあるので、一目でわかる写真や図を付けて論文を作成するのです。

生前の復元

もちろん新種の記載をしている人だけが古生物学者ではありません。化石標本の産出状況や形の機能形態学的な解釈をして、その化石種が生前にどのような環境でどのように暮らしていたのかを明らかにする研究者もたくさんいます。例えばゾウの祖先の化石が見つかったとして、その動物の鼻が現生のゾウのように長かったかどうかはどうしてわかるのでしょうか？

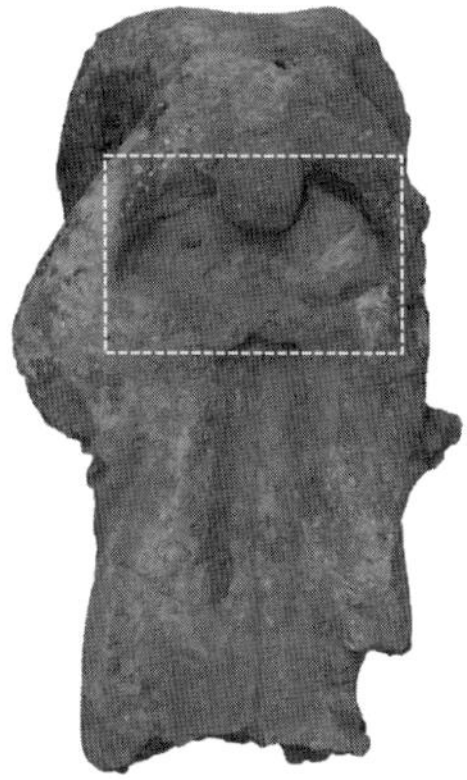

図 20　ステゴドンゾウの頭骨前面写真。牙（切歯）は、下端から下方向に伸びていました。牙の付け根にあるゴーグル型の凹部（四角の点線で囲った部分）が鼻孔です。

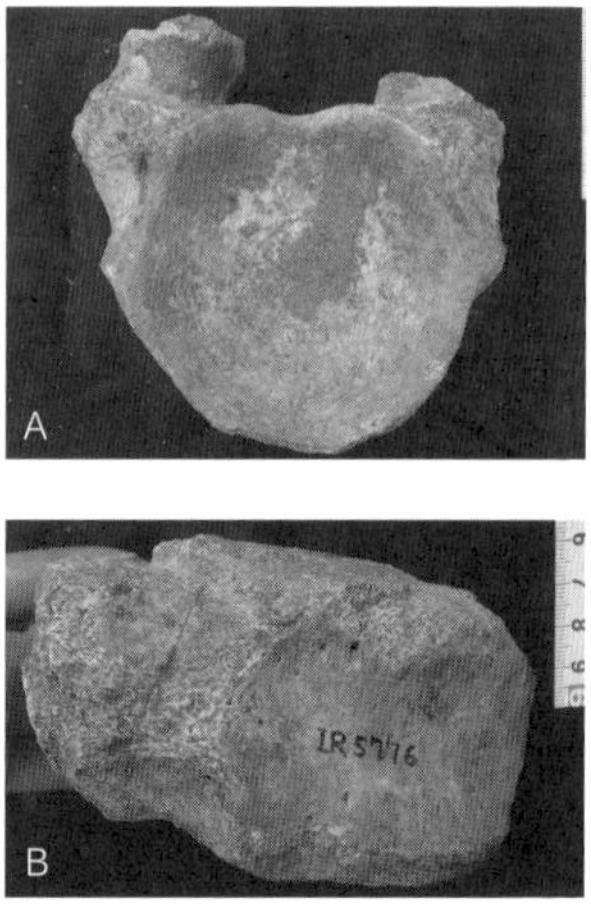

図 21　ステゴドンゾウの円盤状の頸椎の化石。前面（A）と側面（B）から見た写真。

長鼻類《ちょうびるい》（ゾウの仲間）は進化の過程で体サイズが大型化しました。歯も大きくて独特な形をしているので、化石が出るとすぐにゾウだとわかります。しかし、現生のゾウの最大の特徴である鼻は筋肉と繊維でできているので、化石として残ることはほとんどありません。ところがゾウの頭骨の前面にある鼻孔（鼻の穴）の位置と形は非常に特徴的なので（前頁図20）、こういった形をしている化石が見つかると、鼻が長かったのだろうと推測できます。また、現生のゾウでは、大きな頭を支えるために首が非常に短いのですが、これは、首の骨（頸椎《けいつい》）が全て平べったい円盤状になって繋がることで形成されています。化石種でもこういった形の椎骨《ついこつ》（図21）が見つかれば、その動物の首が短かったことがわかります。もし足の長さの割に首があまりに短いと、その動物は地表の草を食べることができないので、鼻が長かったのではないかと推測できるのです。

このように化石のいろんな情報を集めると、その動物の生前の行動や習性がわかってくるのです。

基礎知識

古人類学とは

古人類学研究の位置付け

過去にいた絶滅生物の研究をするという点だけを見ると、古人類学は古生物学の一分野です。しかし、人類という独特な生物を対象とすることから、学術的な面でも、現実的な面でも、古人類学には特別な要素が含まれます。

「ここまでが古人類学です」という明確なくくりはありませんが、古人類学をうたう専門学術誌にどのような論文が掲載されているかを見ると、一般的な認識がわかります。例えば、私たちと絶滅した人類の系統関係を明らかにすること。過去の人類がどのような適応をしていたか、何を食べ、どのような環境を利用し、どのような行動様式をとり、どのように繁殖・成長し、どのように分布したか、などの研究です。研究の主たる対象は、必ずしも人類だけに限定されるのではなく、さらに古い時代の霊長類に関する研究論文も掲載されます。それは、人類登場までの前段階の理解を深める価値があるためです。

それに加え、関連研究分野の論文も幅広く掲載されます。それは、大きく三つの領域に分かれ、**生物学**（系統分類学、絶滅動物の生物学、比較解剖学、霊長類学、遺伝学、進化理論）、**地球科学**（年代学、地質学、化石生成過程、一般古生物学）、そして**先史考古学**です。

先史考古学とのつながり

古人類学の特別な要素として第一にあげるべき点は、考古学（先史考古学）が関わる点です。それは、人類の特性の中に文化的行動と物質文化の比重が占める割合が大きいためです。具体例を並べると、火の管理、道具製作、住まい、被服、言語・象徴表現、装飾品、芸術、他にもいろいろあります。こうした特徴の起源と発達過程は単に地層に閉じ込められた遺物や遺構からだけではなく、解剖学・生理学からも研究されます。例えば、石器をつくるうえで重要な機能を知るために、筋電図を用いて石器制作時に強く活動する筋肉を調べ、化石に残った筋の痕跡から石器を製作するための能力を推定します。石器製作と言語の関連も古くから示唆されています。言語がいつ発生したかを知るために（言語の痕跡は石器と異なり地層に残りませんから）、言語に関わる脳の領域（**言語野**）の大きさを、頭骨に残された脳表面の鋳型から調べたりします。このように生物学と考古学の融合、あるいは学際性は、人類学に内在する要素でもあります。

霊長類学とのつながり

人類において適応や行動の幅と可塑性《かそせい》が高い点も古人類学における特別な要素の一つです。例えば、絶滅人類の食性（食物資源利用）は、他の哺乳類に比べ、かなり多様だったと考えられています。その多様性は、地域ごとに多様な資源を日々利用することだけではなく、季節を通した変動も含みます。また、ヒトは社会にとても強く依存する生物です。こうした社会の起源、言い換えると繁殖様式とそれに関わる協力関係の進化過程は、古人類学の中でも中心的な研究課題の一つです。発掘による物的証拠だけからでは推測が難しいこうした研究を進めるうえで、現在生きている動物（特に霊長類）がモデルとして重用されてきた点もこの分野の特徴です。私たちに近縁な大型類人猿はもとより、系統的には離れますが、樹木の少ないサバンナでの生活に適応した雑食性のヒヒ類も研究されています。

霊長類学と古人類学は深く結び付いています。野生大型類人猿の研究は１９５０年代の終わり頃から始まりました。オランウータン、ゴリラ、チンパンジーの初期の研究者として、ビルーテ・ガルディカス、ダイアン・フォッシー、ジェーン・グドーの3人の女性研究者が知られています。彼女たちの研究の出発を経済的に援助したのは、当時、古人類学者として名声を博したルイス・リーキーです。イギリス領東アフリカ（現在のケニアとタンザニア）で発掘をしていた研究者でした（図22）。

図 22　ルイス・リーキー（1903-72）の銅像。ケニア国立博物館の記念講堂の前に置かれています。

彼はイギリス統治下の東アフリカで宣教師の家庭に生まれ、イギリスで大学教育を受けた後、１９３０年代、古人類学の発掘研究を始めました。ケニアの独立後には、ケニア国立博物館の初代館長になりました。欧米の財界に働きかけ、古人類学研究を支援するリーキー財団を設立しました（１９６８年）。財団は今でも活発に活動しています。

社会との関わり

古人類学の特徴として、研究者の数が多い点も無視できません。例えば、猿人を専門に研究する学者の数は、同じような時間尺度で進化したどの脊椎動物に比べても、数十倍はいるでしょう。したがって、研究の数が多く、新たな研究にはより先進的な内容が求められます。

さらに重要な特徴は、研究者ではない多くの人がこの分野に関心を持つことです。自分たちの過去に関心を抱くのは、私たち人間の特性です。おそらく脊椎動物の中で、恐竜とならび化石人類ほど発見が大きく報道されてきた研究対象はないでしょう。

人類学は、産業の益や生活の利便を追究する学術分野ではありません。しかし、人間の知的活動の可能性を試すことも学術の意義の一つです。自分たちがどのような過去をもってここに至っているのかを知ることに価値がない、と考える人は少ないでしょう（そう期待します）。学術の意義について広く考える機会を提供する点で、古人類学という分野は学術のショーウインドウの中で重要な役割があるといえるでしょう。

コラム　古生物学者になるには

地質系か生物系か

化石は生物が地中に埋もれて固結したものですから、石を研究する地質系の学問になります。子供の頃から化石探しをして古生物学者を目指そうとすると、大学では地質系の学部に入学することになります。実際に現場に行って化石がどんな地層から見つかっているのかを観察することは非常に重要ですし、地質学の知識がなければ化石となった生物が棲息していた当時の環境を理解することもできません。堆積物や岩石の年代についての知識も必要です。

一方、化石は生物の遺骸が石化したものです。生物に関する知識がないとその復元はできません。また解剖学の知識も必須です。近年ではゲノム（遺伝子情報）の解析による系統解析や分岐年代についての知識も必要です。実際、生物系の学部を卒業してから化石の研究を始める人もたくさんいますし、珍しいパターンとして、医学部や歯学部で解剖系の勉強をしているうちに化石を研究したくなったという人もいます。専門家のいない環境でも学会などに参加して「化石屋」と付き合っているうちに転向してしまうことがあるようです。こういった人は解剖学の知識が豊富なので、驚かされます。

結局、どちらの知識も必要なのですから、どちらの入口から入っても同じです。大事なのは、学部での専門知識をしっかり自分のものにしておくことです。専門家としての古生物学者になるには学部を卒業して大学院に進み、さらに学ぶことになりますが、そこでそれまでの自分の持っていなかった分野の勉強を始めれば十分です。近頃は、海外の大学に直接入学して、そのまま大学院に進んで化石の研究をする人が増えています。

ちなみに私自身は理学部に入って生物系の教室にいたのですが、ヒマラヤ登山に行ったりして留年したので地質系に移って卒業しました。その後、生物系の大学院に入学して、南米のコロンビアで見つかったサルの化石で学位を取りました。今では東南アジアのミャンマーで調査をしています。変わってますかね？

第 2 章

サルとは何か

サルに一番近い動物は何ですか？

ヒヨケザルかツパイという、東南アジアの動物です。

東南アジアの変わり者

近年発達している分子生物学的研究によると、霊長類に最も近い現生哺乳類の系統は、東南アジアに棲息する**ヒヨケザル類**か**ツパイ類**とされています[1][2]（巻末「分子系統図」参照）。ヒヨケザル類とは皮翼目《ひよくもく》とも呼ばれ、体の脇に飛膜と呼ばれる膜をもつ動物で、樹間を滑空して移動します。齧歯類《げっしるい》のムササビやモモンガとよく似ていますが、彼らの飛膜が手足の間にしかないのに対し、ヒヨケザルでは飛膜が首から尾までつながっています。ヒヨケザルは頭骨や歯の形が非常に特殊化しているので（図1）、形態学者の中では、長いこと現生哺乳類の「外れ者」として扱われてきました。しかし最近の分子生物学的研究で、意外に霊長類に近いことがわかりました。霊長類と分岐してから、急速に（形態的に）特殊化したのかもしれません。

一方、ツパイ類は昔から霊長類に近縁とされてきた動物で、登木目《とうぼくもく》とも呼ばれています。こちらも東南アジアの熱帯森林に生息するトガリネズミに似た樹上性の小型哺乳類です。頭骨の形は原始的な哺乳類の姿に似ていて、長い鼻面と長い尻尾、特殊化していない歯列などをもっていたので、霊長類に含める分類学者もいたほどです（図2）。分子生物学的研究でも、この2種類の動物のうちどちらがより霊長類に近縁なのかはまだはっきりしません。いずれにしても、霊長類と系統的に分岐したのは、約8000万年前と考えられています。[1]

どちらの動物も現在は東南アジアにしか棲息していないのですから、霊長類の起源は東南アジアと言いたくなるところですが、彼らが分岐した頃の地球は、大陸の配置が今とはまったく異なっていて、東南アジア地域は南半球のゴンドワナ大陸（巻末「古地理図」❶）の一部でした。現生の動物との系統関係だけでは、霊長類の起源地を特定するのは難しそうです。

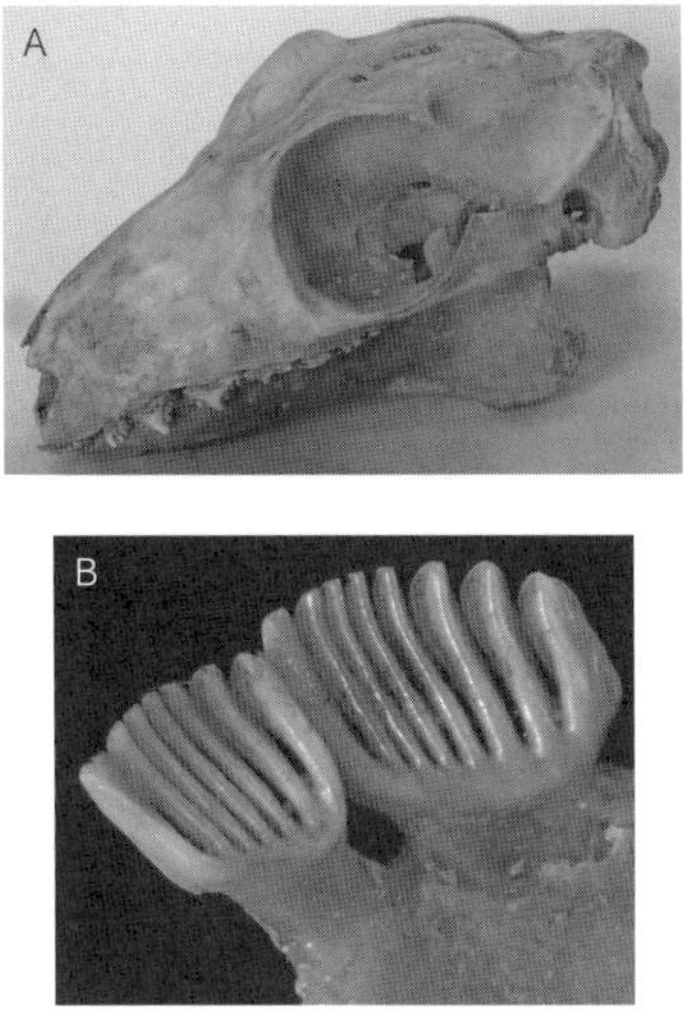

図1　ヒヨケザルの頭骨（A）と右下顎《かがく》切歯（B）。眼窩《がんか》の後には小さな突起ができていて、霊長類との近縁性を暗示しているようにも見えますが、下顎切歯は特殊化して、まるで「櫛」のようになっています。

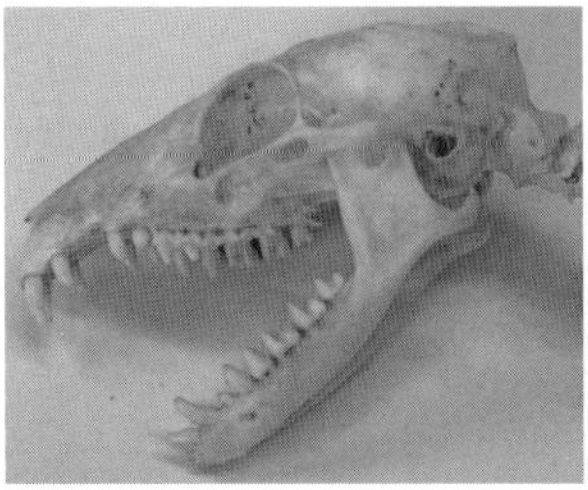

図2　ツパイの頭骨。眼窩の周りに骨性の枠ができているので、原始的な霊長類のようにも見えます。

次に近縁なのはネズミとウサギ

では、ツパイやヒヨケザルの次に霊長類に近縁な動物は何でしょうか？　それは、齧歯類（ネズミの仲間）とウサギ形類です。この両者が互いに系統的に近いという意見は昔からありましたが、霊長類と近いと考える研究者はいませんでした。彼らは犬歯が消失して切歯《せっし》（前歯）が極端に特殊化する傾向があるので、霊長類の祖先とはかなり離れた系統と考えられてきたのです。

古生物学者にとって齧歯類やウサギよりも霊長類に近いと従来考えられてきたのが、翼手類（コウモリ）です。彼らは飛翔能力をもつという点で特殊化しているのですが、陰茎骨や盲腸があるといった点で霊長類と共通した特徴をもっていました。しかし分子生物学はコウモリを鯨偶蹄類《げいぐうているい》（ウシやクジラの仲間）、奇蹄類《きているい》（ウマやサイの仲間）、そして食肉類（ネコやイヌの仲間）と同じローラシア獣類という系統に含めてしまいました（巻末「分子系統図」参照）。クジラと偶蹄類の類似性や食肉類と奇蹄類の近縁性は昔から古生物学者が指摘してきたのですが、そこにコウモリが加わるとはまったく予想できませんでした。

化石だけでは真の系統関係の解明は難しいようです。

最初のサルは いつ、どこで生まれたの？

白亜紀末の赤道付近のようです。

哺乳類の中の霊長類

サルすなわち霊長類（霊長目）は、現生のヒト・類人猿・サル類などを含み、有胎盤《ゆうたいばん》哺《ほ》乳類《にゅうるい》（カンガルーやコアラを含む有袋類《ゆうたいるい》やカモノハシなどを含む単孔類《たんこうるい》を除いた哺乳類）の系統の一つとされています。現生の哺乳類の系統としては最も起源の古いグループの一つで、第2章「サルに一番近い動物は何ですか？」で紹介した東南アジアに棲息するヒヨケザル（皮翼目《ひよくもく》）かツパイ類（登木目《とうぼくもく》）が最も近縁な系統と考えられています。

遺伝子（ゲノム）の塩基配列を解析した最新の分子生物学的研究では、これらの系統と霊長類の系統が分かれたのは約8000万年前の中生代白亜紀前半とされています。[1][2] まだ地上で巨大な恐竜が闊歩《かっぽ》していた時代ですが、この頃の化石でサルとして認められているものはまだ見つかっていません。初期のサル達は非常に小さく、現在の小型のネズミくらいの大きさ（数十g）だったので、確実に霊長類といえる化石がないのです。当時の霊長類の祖先は尾が長い四足歩行者で、鼻面《はなづら》（吻《ふん》）が長く、現生のトガリネズミ（スンクス）に似た習性をもっていたと考えられています。主に樹上で生活をして、小さな虫や果実などを食べていたようです。活動パターンは夜行性と考えられていたこともありましたが、近年では一日中動き回る（周日性という）動物だったとする研究者が多いようです。

「最古」の化石

現在、「最古の霊長類」とされる化石は、アメリカのモンタナ州周辺（巻末「地図」⑯。以下、同図を参照）新生代古第三紀の暁新世初頭（約６５００万年前）の地層から見つかっている**プルガトリウス**という動物です（70頁参照）。しかし、遊離歯（顎から外れてバラバラになった歯のこと）か上下顎の破片しか見つかっていないので、確実に霊長類とは言い切れません。そのためプルガトリウスは霊長類の親戚とされるプレシアダピス類（または偽霊長類と呼ばれる）に暫定的に含まれています（巻末「系統樹」参照）。プレシアダピス類の化石は北米の暁新世〜始新世前半の地層からたくさん見つかっていて、その中に現在の霊長類に進化したグループが含まれていると考えられてきました。

ただし、プレシアダピス類のほとんどは、サルの祖先としては歯の形が特殊化しすぎているため、候補から外されています。現在、「確実な最古の霊長類化石」は、モロッコの暁新世末の地層（地図⑰）から見つかっている**アルティアトラシウス**か、モンゴルの始新世初頭の地層（地図⑱）から見つかっている**アルタニウス**（図３）とされています。これらの化石も遊離歯や上下顎の破片でしかないのですが、歯の形が特殊化していないので、サル類の祖先（真霊長類）として受け入れられています。

また近年、アフリカ大陸の北部（アルジェリア、チュニジア：地図⑲）やユーラシア大陸南部（イ

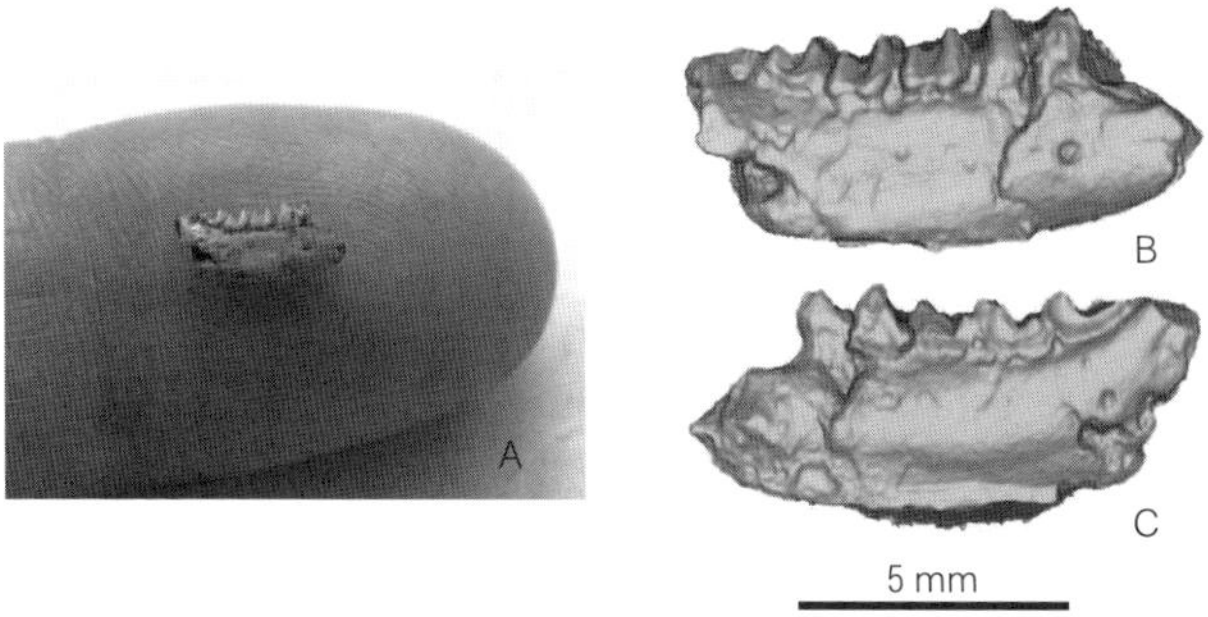

図3　指の上にのせたアルタニウスの右下顎（A）とその三次元画像（B：頬側面、C：舌側面）。とても小さいのですが、歯が5本ついているのがわかりますか？

ンド：地図④、パキスタン：地図⑤、ミャンマー：地図③）などで初期霊長類らしき化石が報告されています。[3] そのため、現在多くの研究者は、霊長類の起源地は暁新世にユーラシア大陸とアフリカ大陸の間にあったテチス海（巻末「古地理図」参照）の周辺部だったのではないかと考えています。しかし、もし状態の良いプルガトリウスの化石が北米で見つかれば、北米大陸が起源地として復活する可能性もあります。今後の発見次第で起源地が変わる可能性が高いのですが、当時の北米大陸は現在のグリーンランドを介してヨーロッパと連続していたので、ユーラシアと北米を区別する必要はないかもしれません。

一方、ゲノムを研究している分子生物学者は、現生の有胎盤類の系統関係の解析から（巻末「分子系統図」参照）、最も祖先に近い系統（同図のアフリカ獣類と異節類）が南半球の大陸（アフリカまたは南米）に棲息しているので、霊長類を含めた哺乳類の起源が南半球の大陸にあると考えています。[1][2] しかし、当時の大陸配置ではテチス海は赤道付近に位置しているので、南半球か北半球かという区別もあまり意味がないのかもしれませんね。

発展知識

分子時計とは

分子時計と化石の年代

分子時計とは、1950年代に考え出された生物学における概念です。各生物の体のタンパク質を構成するアミノ酸配列の違いが、系統的な近縁性（つまり分岐した年代）と相関していることがわかりました。そして、1960年代になると、DNAの塩基配列でも同様の相関関係があることがわかり、一気に研究が進みました[4]（図4）。DNAは、基本的に4種類の塩基から構成される2本の鎖からできています。このDNAの塩基配列がどの程度違うかを調べることで現生類人猿の分岐年代の相関関係を推定したところ、テナガザルとその他の類人猿が分岐したのが1100〜1300万年前、オランウータンが分岐したのが900〜1100万年前、ヒトがチンパンジーやゴリラと分岐したのが400〜500万年前ということになりました（巻末「系統樹」参照）。ところが、当時の古生物学者の間では、ヒトの祖先は南アジアのシワリク層から見つかっていた1400万年前の**ラマピテクス** *Ramapithecus* とされていたため、大きな論争となりました。

当時の議論では、化石の研究者は分子時計による推定年代が若すぎると主張し、分子生物学者は化石の同定が間違っているのではないかと反論していました。1980年代末に、それまでヒトの祖先として考えられていたラマ

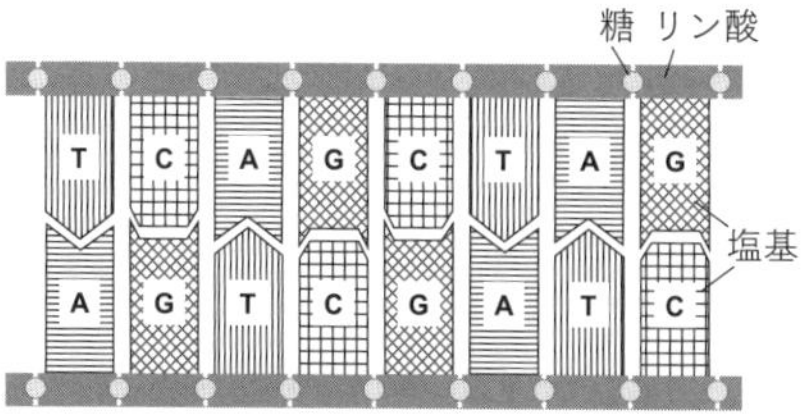

図 4 DNA の塩基配列の模式図。DNA はリン酸、糖、そして 4 種類の塩基から構成されるヌクレオチドと呼ばれる物質が鎖状につながってできています。それぞれの塩基にはアデニン（A）、チミン（T）、グアニン（G）、シトシン（C）という名前が付いていて形が違うので、2 本の鎖がつながる時には対になる塩基の組合せが決まっています。そして、3 対の塩基の並び方（塩基配列）が生物の体を構成するタンパク質のアミノ酸を決定します。なので、この塩基配列が生物の遺伝情報を示すことになります。

ピテクスが同じシワリク層から見つかっていた**シバピテクス** *Sivapithecus* のメス個体で、オランウータンの祖先とされたことで論争は一応の決着が付きました。

その後、分子時計の精度が上がってくると、再び分岐年代の見直しが始まり、現在ではテナガザルの分岐年代が2000万年前、オランウータンが約1800万年前、ゴリラが約1000万年前、チンパンジーが約800万年前にまでさかのぼっています。化石記録の方も、最古のヒトの祖先とされる**サヘラントロプス** *Sahelanthropus* が約700万年前とされており[5]、分子時計の推定値と化石の年代値がかなり近くなっています。しかしこれらの推定値は研究の進展にしたがって毎年のように更新されているので、今後も引き続き注目すべきところです。

遺伝的な分岐と「最古の化石」

ところで、分子時計の分岐年代の推定値と、ある生物の「最古の化石」の年代値を比べると、必ず前者の値の方が古くなります。なぜでしょうか？ まず、二つの系統が分かれる際には、彼らの共通祖先となる生物群の中で遺伝的な変異が生じ、別の個体群として**生殖的に隔離**されて進化していきます。この際にさまざまな形態変異も生じるのですが、初期の段階ではこれらの形態変異は非常に小さく、化石として残っている「不完全な」標本からその形態的な差違を検出するのは非常に難しいからです。別系統の種として形態的に区別できるようになるのは塩基配列の違いが確定してからかなり後になります。ましてや化石の属レベルでの違いとなると数百万年くらいかかるのかもしれません。

また、生物は「種」で区別されますが、動物種によっては近縁の種同士での交雑も頻繁に生じます。身近な例では、日本列島に棲息するニホンザルと、他地域から持ち込まれたアカゲザルやタイワンザルなどの間で雑種が生じていることがわかっています。これらのサルはすべてマカク属（巻末「分類表」参照）というサルの仲間なので、環境によっては容易に交雑が起こり、雑種が生み出されることがあるのです。大陸部に棲息しているマカクザルの系統関係を分子生物学的に解析したところ、対象とする塩基配列や個体ごとに微妙に違う結果が出ることがわかりました。異なるマカクザルの種間で交雑を繰り返しているため、こういったことになっていると考えられています。

生物の進化というのは、卓上の理論だけではなかなか解明できないのかもしれませんね。

霊長類の手の形は
なぜ非対称なの？

親指を使った握りしめをしやすくするためです。

指の名前、太さ、長さ

日常、意識はしませんが、手は実に働き者です。石川啄木《たくぼく》の短歌『一握の砂』のように、「ぢつと手を見」てみてください。皆さんは、手の構造についてどれくらいを知っているでしょうか。

指の名前は知っていますね（次頁図5）。以下、解剖学用語は括弧に示しました。まず、大きく太い親指（母指）。人差し指（示指《しし》）はＪＩＳコード（☝）にもあります。中央にある中指。薬を扱う際に使った薬指（環指《かんし》）。細く短い小指。「親」を父ではなく母に呼び換えたのはなぜでしょうね（子供の頃、お父さん指と呼びませんでしたか）。薬指の由来については、薬師如来《やくしにょらい》が曲げているからという説もあります。

英語でも日本語に似た名前が使われます。親指thumbはラテン語の動詞「膨れる」に由来します。index fingerは直訳しても示指です。小指はpinkie fingerとも呼びます。オランダ語の「小さい」に由来しています。

さて話のマクラが長くなりましたが、両端にある2本の指のうち、なぜ親

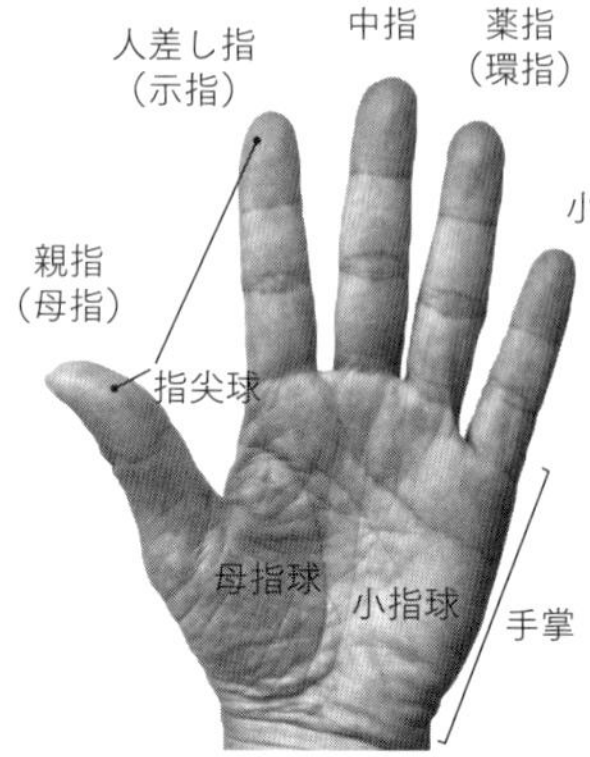

図5　手の各部名称

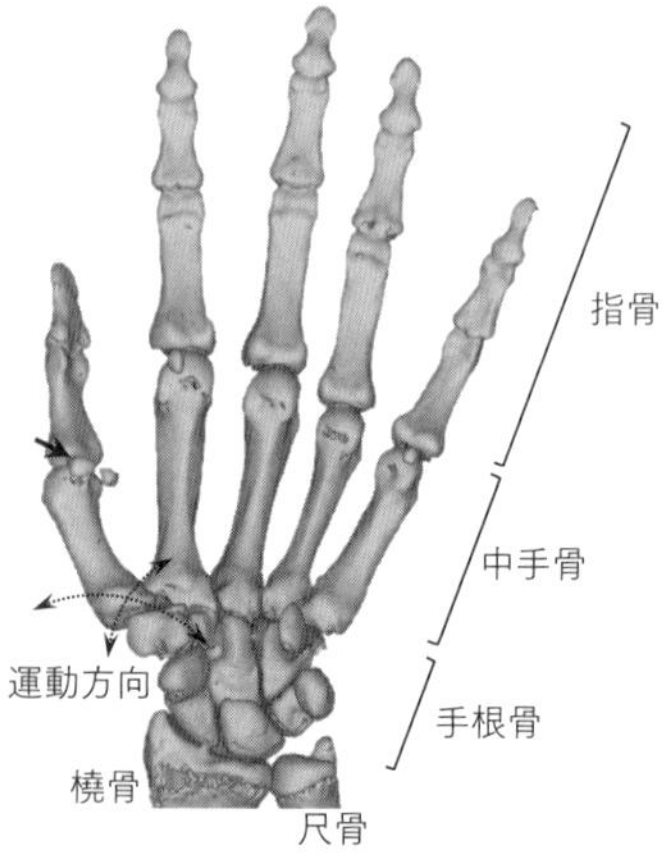

図6　ヒトの手の骨格

指は太く、小指は細いのでしょう。手の非対称性は他にもあります。母指は小指ほどの長さですが、他の指から離れて突き出し、曲がる方向が90度ずれています（図6）。母指の中手骨《ちゅうしゅこつ》は直交する2方向に運動できます（両矢印で示しています）。このおかげで、母指を「回す」ように見せることができます。太い矢印で示しているのは種子骨《しゅしこつ》です。99％以上の人で、母指の付け根に二つあります。

手のひら（手掌《しゅしょう》）の母指側と小指側には柔らかい膨らみがあります。それぞれ、母指球、小指球と呼びますが、母指球の方が大きいですね（図5）。母指を動かすと母指球は動きますが、小指を動かしても小指球は動きません。なぜでしょうか。理由を説明しましょう。

握りしめは霊長類の特徴

意外かもしれませんが、他の哺乳類と比べると、霊長類の骨格にはこれといった珍しい特徴があまり見られません。しかし、霊長類には、母指を他の指に向かい合わせる能力「**母指対向性**」があり、手の骨格にはそれに関連する特徴があります。母指対向性は、霊長類の主要な特徴の一つです。この能力のおかげで、霊長類は片手でものをつかむことができます。齧歯類《げっしるい》や一部の食肉類も片手つかみができますが、母指対向性を備えた霊長類の手は、強力な握りしめを行う時と、母指と他の指とでものをつまむ時、比類無い能力を発揮します。

すべての霊長類は（後述する母指が退化した例を除きます）広い意味での母指対向性をもちます。しかし、この能力を狭く定義した場合は、母指の腹（指尖球）を他の指の腹に密着させる能力を意味し、母指を支えている中手骨を「回す」ことができる狭鼻猿類《きょうびえんるい》だけに見られます。他の霊長類では、母指の中手骨は一方向に（一つの平面の上で）しか運動できません。手を動かさずに親指の尖端を回してみてください。母指球の下で中手骨が広い範囲を動く様子が見られます。

ものをつかむ能力の発達に伴って、霊長類では触覚も発達しています。指尖球の中には多くの神経が分布しています。私たちの平たい爪（**平爪**《ひらづめ》）は拡大した指尖球を支えるうえで効果的です。イヌやネコのとがった**鉤爪**《かぎつめ》と違いますね。ものをつかむ能力に関係して、摩擦力を高める指紋と掌紋《しょうもん》（手相）が進化しています。実は滑り止めだったのです。指掌紋は樹上性の有袋類《ゆうたいるい》にもあります。

ものをつかむ能力の発達理由については、樹上運動との関連が唱えられてきました。霊長類は、鉤爪をもつ他の樹上性哺乳類と違って、幹や枝をつかんで木に登ります（足でつかむ能力は手以上に優れています）。ものをつかめる手は細い枝先を歩いたり、枝からぶら下がったりして移動する際に効果的です。ただ、太い幹をつかむのには向きませんね。ただし、現在では、霊長類が手でものをつかむ能力を発達させた過程では、移動するための働きよりも餌をつかむ働きの方がより重要だったのだろうと考えられています。

始新世の化石霊長類でも、母指対向性を示す第1中手骨、手根骨、平爪を支えた指骨などが知られています。

指を退化させた霊長類

霊長類の中には母指を失った種類もいます。アフリカのコロブス類、中南米のクモザル類です。これらの霊長類は、長くなった手（第2～5指と手掌）を巻き付けるように使って樹上運動を行います。母指と示指の先端を合わせるには長さの釣り合いが必要です。第2～5指と手掌が長くなると太い枝でもしっかりつかめますが、親指までが釣り合いを保って長くなるとつかえて邪魔になります。その結果、母指が退化する余地（**トレードオフ**）が発生したのでしょう。オランウータンとチンパンジーでも、母指は短縮しています。チンパンジーは、小さいものをつまむ時、私たちが鍵を回すときと同じつまみ方を多用します。

ロリスの仲間では、第2指が退化して短くなっています。第3指と母指を用いることで、より太い枝や幹をつかめるのです。

非対称性はなぜ現れた

もう指の太さに違いがある理由がわかりますね。5本の指の中で他の指に向き合える母指が最も働き者だからです。一方、母指からも、手の中央からも離れた小指は、小型化傾向にあります。しかし、小指が退化した霊長類はいません。手の進化については、まだわからないことが残っているようです。

手の両端にある指は、手を握ったり開いたりする際の動作が大きいため、それぞれ固有の筋肉があり、それらが母指球と小指球をつくります。母指が発達した霊長類では、母指球が大きく膨れあがりました。母指が他の指から離れて突き出し、屈曲する方向がずれているのも、母指対向性を可能にしているからです。中手骨のうち自由に動かせるのは第1中手骨だけで、他の中手骨は手首の手根骨にしっかりと固定されています。

ところで、親指だけ指骨の数が少ないことが気になりませんか。これに大きな意味はありません。陸に上がった初期の四足動物は第1指から第5指に、それぞれ2、3、4、5、3本の指骨をもっていました。力を伝えやすい中央部は長く、両脇には短い指がありました。哺乳類の誕生までに指骨の数は3本以内に減ったのですが、加わることはありませんでした。もともと2本だったのです。

基礎知識

解剖学と骨学とは

解剖学は生物学の基本

解剖学と聞くと、医学に関わる人たちの学問だと思うかもしれませんが、それは解剖学を「人体解剖学」という限られた意味で捉えた誤解です。解剖学の研究はさまざまな生物を対象に行われています（動物だけではなく、植物解剖学もあります）。

私たちの体の中にはさまざまな器官が存在しますが、化石として残るのは、ほとんどの場合、骨か歯です。これらに対象を限定した解剖学を**骨学**《こつがく》と呼びます。厳密に言うと歯については歯科解剖学という分野があるのですが、一般的な骨学の教科書や図録は、歯についても取り上げていることが多いようです。[6]化石を研究するうえでまず必要な知識は骨学です。しかし、骨の形には、筋肉や靭帯《じんたい》、血管や神経の走り方などが関係します。頭蓋骨の内《ない》腔《くう》などはその典型です（図7）。ですから、一通りの解剖学の勉強をして、骨の周りにある器官についても知識をもつことが必要です。

さて、化石の研究を志す人への助言です。みずから発掘をする場合は、哺乳類一般の骨学の知識が必要です。発掘すると、いろいろな種類の動物の化石が出てきます。サルの仲間の化石が欲しくても、食肉類やイノシシ類の化石が出てくることもあります。現地に専門家がいなくても、新たに手に入っ

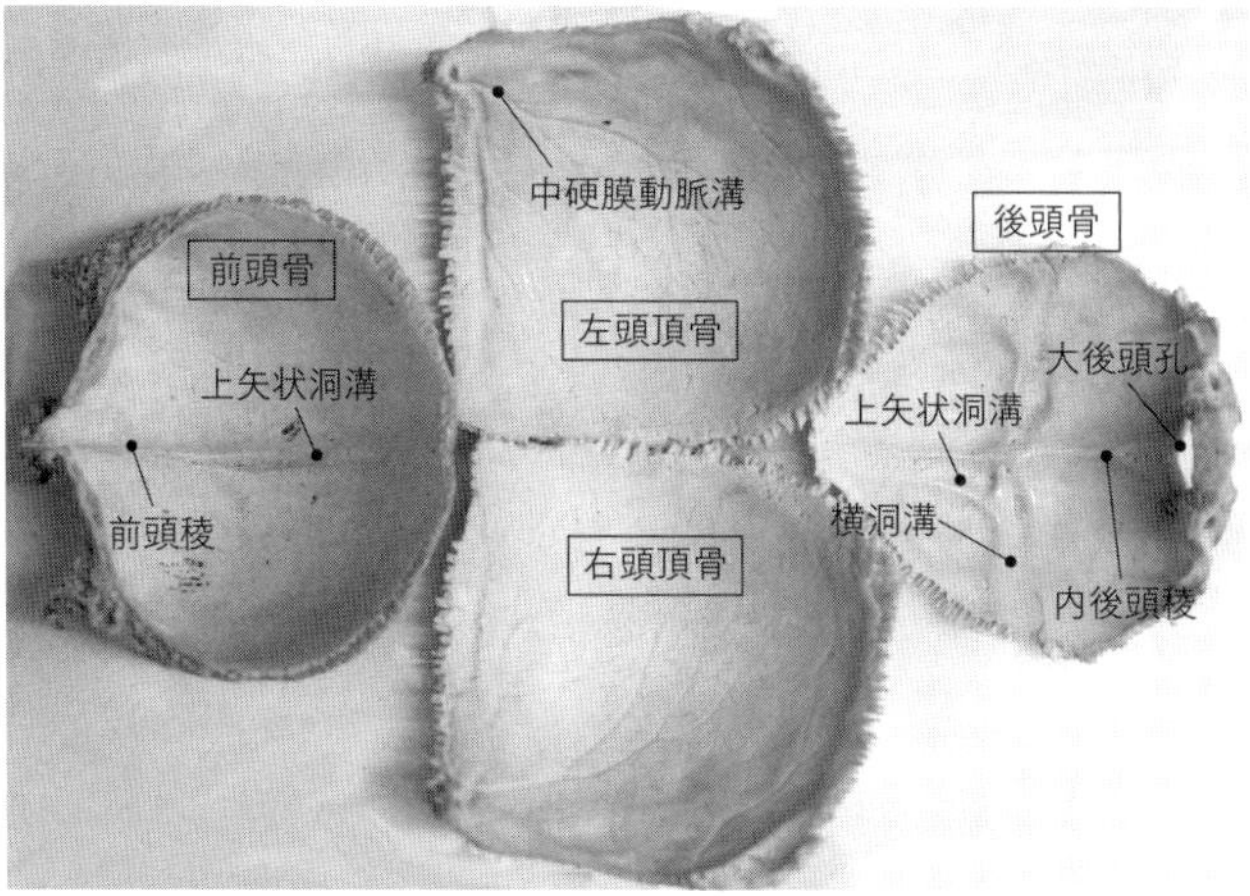

図7　ヒトの頭蓋をつくる骨。脳を収める腔所《くうしょ》（頭蓋腔《とうがいくう》）をつくっている主要な骨の内側を示しています。太い溝（横洞溝など）、川の流れのような痕（中硬膜動脈溝）、梁《はり》のように飛び出した部分（前頭稜など）に気が付くでしょうか。骨のつなぎ目がノコギリの歯状にぎざぎざになっています（**縫合**《ほうごう》）。**大後頭孔**は延髄《えんずい》を通します。

た標本は仕分けをする必要があります。ある程度の仕分けができないと、専門家に詳しい調査を依頼できません。

化石を研究する

化石の分析を行うには、関連するいろいろな系統の骨学の知識が必須です。猿人の化石を研究するなら、ヒトはもとより、類人猿、旧世界ザルなどのさまざまな霊長類を知っている必要があります。初期の霊長類の研究をするなら、霊長類だけではなくツパイやヒヨケザルなど霊長類に近縁な系統の知識も必要です。骨に見られる特徴が近縁な系統の間でどのように異なるかは、その特徴がどのように形を変えながら進化したかを知る手がかりになるからです。そうした知識は、形の違いと機能の違いとを関連付けるうえでも役立つことがあります。この関連付けがうまくいけば、化石の特徴から機能を推定することができます。

骨学研究の中で、化石（あるいは発掘した骨）の研究が独特なのは、基本的に壊れている材料を対象にすることです。ですから、細部の特徴を十分に覚え、断片的な化石が骨格のどこの部分なのかを同定できなければいけません。また、化石は、地中に埋もれている間に大きく変形していることがあります。どの部分が本来の形を保っているのかの判定も重要になります。これには、長年の経験が必要です。

ヒトの体にはいくつの骨がある？

この質問には、正しい答えはありません。個人差があるためです。背骨をつくる椎骨《ついこつ》の数でさえ、個人差があります。特に変異性が高い尾椎《びつい》（尾骨《びこつ》をつくります）を除いても、数%の人は一般的な数よりも、一つ多かったり少なかったりします。厳密性にこだわる意味はない数字ですが、雑学的にいってしまえばヒトでは206が典型的な数字です。ただし、この数には、筋肉と骨をつなぐ腱の中にある小さな骨（種子骨《しゅしこつ》）を含めていません。種子骨については50頁図6を見てください。


200以上と聞いて、覚えるのが大変と思うかもしれませんが、骨の種類はそれほど多くありません。四肢骨《ししこつ》と肋骨《ろっこつ》は左右に1組ずつあります。椎骨と肋骨は同じような骨が連続しています。

巻頭資料の「骨格図」には、ヒトとカニクイザルの骨格写真を示しているので見て下さい。骨格は四つの要素に大別することができます。頭部、体幹、前肢、後肢です。

頭部には頭蓋骨《とうがいこつ》、下顎骨《かがくこつ》、舌骨《ぜっこつ》があります。頭蓋骨は一つの骨ではなく13種類もの骨が集まってできています。それに下顎骨が連結（関節）しますが、さらに「耳の穴」の奥（鼓膜の向こう側）では3種類の耳小骨が関節します。舌骨は、どの骨とも関節をせず、頭蓋骨と下顎骨から靱帯と筋肉で吊り下げられています。

体幹には椎骨、肋骨、胸骨があります。椎骨には部位ごとに異なる名称がつけられています。頭に近い方から、頸椎《けいつい》、胸椎《きょうつい》、腰椎《ようつい》、仙骨《せんこつ》、尾椎と呼ばれます。腰椎があるのはおなかの部分ですが、「腰」という名称があてられています。仙骨は数個の仙椎が癒合してできています。胸骨という骨はなじみがないかもしれませんが、体の正面で肋骨と関節している五平餅のような形の骨です。

前肢（ヒトのように起立している場合は上肢）の骨には、鎖骨《さこつ》、肩甲骨《けんこうこつ》、上腕骨《じょうわんこつ》、橈骨《とうこつ》、尺骨《しゃっこつ》、手根骨《しゅこんこつ》、中手骨《ちゅうしゅこつ》、指骨《しこつ》があります。橈骨と尺骨は前腕にあります。手根骨は手首にある小さな骨を集合的に示す名称です。それぞれに名前がつけられていますが、ここでは省きましょう。中手骨は細長い骨で、手の平に扇の骨のように並んでいます。

後肢（下肢）には、寛骨《かんこつ》、大腿骨《だいたいこつ》、膝蓋骨《しつがいこつ》、脛骨《けいこつ》、腓骨《ひこつ》、足根骨《そっこんこつ》、中足骨《ちゅうそくこつ》、指骨があります。寛骨は仙骨と関節して骨盤をつくります。膝蓋骨は俗に言う「膝のお皿」です。この骨は種子骨の一つですが、他の種子骨に比べ飛び抜けて大きいのが特徴です。足根骨は手根骨と異なり、かなり大きな骨も含んでいます。これについては、4章で詳しく説明します。

前肢と後肢の骨格に対応関係があることに気が付くでしょうか。体に近い部分に1本の骨、その先には平行する2本の骨、さらに一群の短い骨、5列の長い骨とその先に続く指の骨。この類似性の起源をたどると、四足動物の祖先となった魚類のひれ（胸びれと腹びれ）にたどり着きます。

昔の動物の食性はどうやってわかるの？

歯の形と遺された傷から推測します。

肉食性と植物食性

われわれ動物は自分が主食にしている食物を咀嚼《そしゃく》しやすい形の歯をもっているので、歯の形を見ればある程度の食性を推測することができます。動物の食性は大きく分けると、動物を食べる**肉食性**（虫食性を含む）、植物を主食とする**植物食性**、そしてどちらも食べる**雑食性**という3種類です。例えば、肉を食べる食肉類（イヌやネコの仲間）は、獲物を捕らえた後に肉を切り裂いて飲み込むので、「切り裂き」に適した高い**咬頭**《こうとう》（歯の表面の尖った部分）をもつ臼歯《きゅうし》をもっています（図8A）。またモグラやコウモリなどの小型の動物でも、昆虫などの節足動物を噛み砕くために小さいながらも鋭い咬頭の歯をもっています。

一方、草や葉を食べる動物は大きな切歯《せっし》でこそぎ取って切断し、臼歯で繊維質の強い草や葉を細かく切断しながらすり潰して咀嚼します（図8B）。口の中で完全に咀嚼できない場合は、ウシのように一度胃の中に入った食物を口中に戻して消化しやすいように反芻《はんすう》しています。植物の中でも特に草本

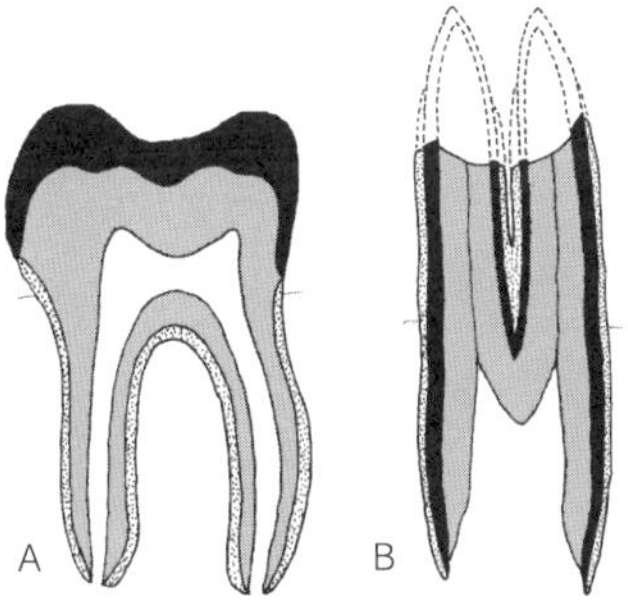

図9　ヒトの大臼歯（A）とウシの大臼歯の模式断面図。黒色：エナメル質。グレー：象牙質。点描：セメント質。歯の内部には歯髄腔《しずいくう》と呼ばれる空隙があり、血管や神経が通っています。Aは雑食性の動物に見られる歯で、低歯冠で咬頭が低い（鈍頭歯）のが特徴です。これに対し、Bは草食性の動物では歯がすり減ってもいいように高歯冠になっていて、咬頭（点線部）が咬耗するとエナメル質が残って草を噛み切る「刃」を形成します。

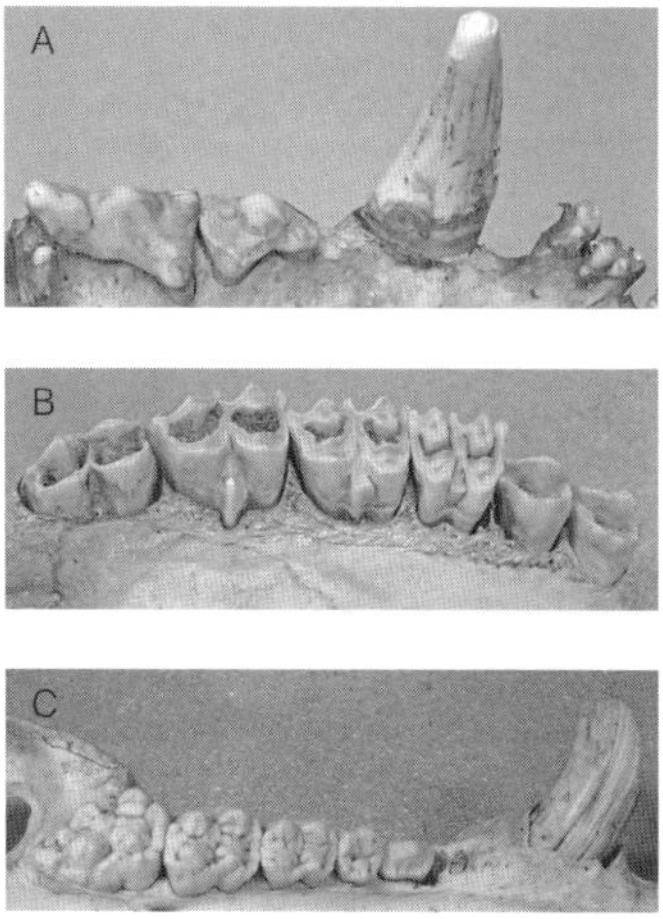

図8　さまざまな歯の形（すべて右上顎骨）。肉食性のジャガー（A）では歯冠が高く鋭くなっていて、肉の「切り裂き」に適応しています。草食性のウシ（B）では、エナメル質が鋭い刃となって固いセルロースも「刻む」ことができます。雑食性のイノシシ（C）では咬頭が低くて丸いので「すり潰し」に適応しています。

類にはシリカと呼ばれるガラス質の物質が含まれており、毎日摂食していると歯がすり減ってくるので草食性の動物はもともと歯の歯冠部が高くなっています（図9B）。歯の形だけでなく、その高さを見てもどのような食物を摂食しているかが推定できるのです。ネズミなどの齧歯類《げっしるい》でも歯冠部が高くて永遠に伸び続ける種がいますが、同じようにすり減ってしまう歯を補填するためです。

何でも食べる雑食性

こういった典型的な肉食性と植物食性の動物以外に、何でも食べてしまう雑食性の動物がいます。彼らの歯は咬頭が低くて丸味を帯びており、咬頭の間の凹みも比較的浅くなっています（前頁図8C）。上下の歯の咬頭と凹みが押しつけられることにより間に挟まった食物がすり潰されやすくなっているのです。食肉類のクマや偶蹄《ぐうてい》類《るい》のイノシシがこのグループに含まれますが、固い木の実・果実・根茎などの植物以外にも小動物などを捕食します。

霊長類も雑食性の傾向が強いのですが、もともと小型の樹上性動物だったので、昆虫や果実が主な食物でした。それが進化の過程で大型化していった結果、コロブス類のような典型的な葉食性の種が出現しました。一方、ヒヒやマカクは地上に降りて雑食性の傾向が高まったと考えられています。われわれヒトを生み出したホミノイド（類人猿）では雑食性の傾向がさらに強くなり、咬頭が低くなって歯の表面に皺ができたりします。あるいは歯のエナメル質が厚くなり、歯がある程度すり減っても咀嚼機能が低下しないようになっていると考えられています。

歯の傷跡から探る

このように歯の歯冠部の形態からある程度の食性を推定できるのですが、食物を咀嚼した際に歯の咬合面に残る細かな傷跡（微細摩滅痕《びさいまめっこん》、**マイクロウェア**）を観察して解析する研究もあります。一般的に動物は食物を咀嚼するために上下の歯をかみ合わせるのですが、その際に歯同士の接触による摩滅（咬耗）と歯と食物との接触による摩滅（磨耗）が生じます。この摩滅を顕微鏡下で観察すると、凹み状の窩状痕《かじょうこん》（ピット、**図10A**）と方向性のある線状痕（スクラッチ、**図10B**）とに分けられるのですが、この2種類の傷の比率と食性に相関性があるようです。かつては走査型電子顕微鏡（SE

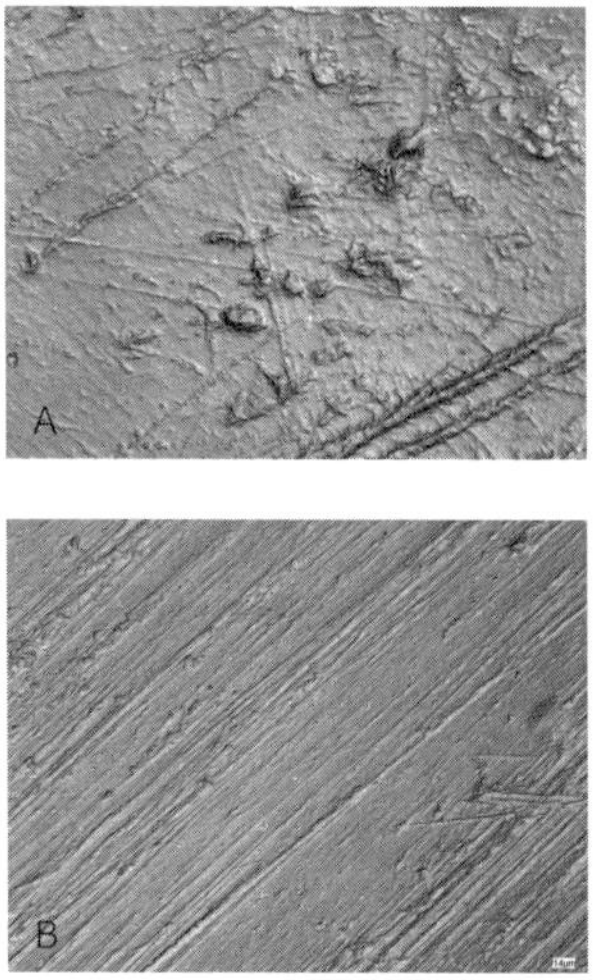

図 10　共焦点レーザー顕微鏡で撮像したニホンザルの大臼歯咬合面のマイクロウェア画像です。（A）堅い木の実などを食べた際に残る凹み状の傷。宮城県金華山島の個体。（B）草など繊維質の強いものを食べる際に残る同方向の線状の傷。千葉県房総半島の個体。［画像は平田和葉氏提供］

M）を用いて直接傷跡を観察・計測して解析していましたが、SEMを用いた観察は手間と費用がかかるうえ、計測の仕方が客観的でないという批判がありました。そこで近年では共焦点レーザー顕微鏡という工業用の表面性状測定機器で計測して、工業用の規格（ISO）に基づき歯の表面の形状（傷）を客観的に三次元計測し、解析する手法が開発されています。傷の形や深さ、方向を統計的に処理し、それを現地のサルの食性観察データと照合して両者の相関関係を調べています。例えば、ニホンザルでは雪国の下北半島に住んでいるサルと南国の屋久島に住んでいるサルでは、歯のマイクロウェアの形状に大きな違いがあるようです。

発展知識

安定同位体分析とは

歯のエナメル質の安定同位体

世の中に存在している元素には、原子番号が同じでも質量数が異なる「同位体」というものが存在します。この同位体の中で、次第に放射性壊変を起こして別の元素に変わってしまうものを放射性同位体、長期間安定して存在する物を**安定同位体**といいます。前者は年代測定に使われ（18頁参照）、後者は古環境や古食性の推定によく使われています。

例えば、質量数12の炭素は^{12}Cと表記しますが、少しだけ重い質量数13の^{13}Cも自然界に存在しています。そこで、化石歯の表面にあるエナメル質を削り取ってそこから炭素を含む成分を分離し、^{12}Cに対する^{13}Cの比率を計測することで古食性や古環境を復元しようとする研究が1980年代から盛んに行われるようになりました。この研究の原理を簡単に説明します。寒冷乾燥した環境で有利な草本類のイネ科植物（**C_4植物**と呼ばれる）では、光合成経路の仕組みなどから^{13}Cがより多く含まれます。したがって、そういった植物を主に採食している草食動物は歯のエナメル質中の^{13}Cの比率が多くなります。逆に温暖湿潤な環境に適応している木本類（**C_3植物**）の葉は^{13}Cの含有量が少ないので、葉食性の動物は^{13}Cの比率が小さくなる傾向があります。

この原理を応用して、化石でも葉食性（C_3植物食）と草食性（C_4植物食）

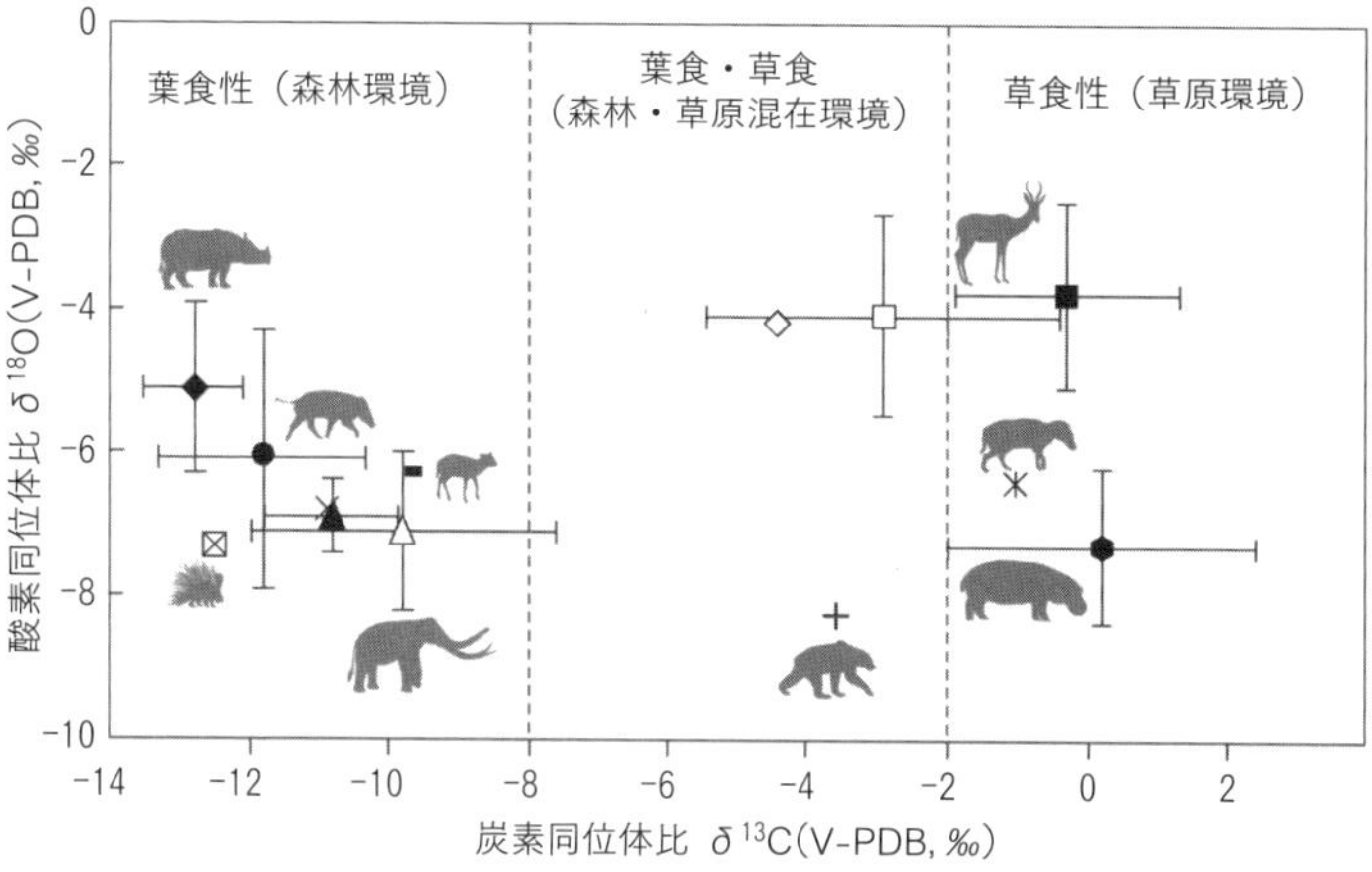

図11　十字の線の中心の記号は各動物個体の安定同位体比の平均値を、縦横の線は分布の標準偏差値を示しています。縦横の線がない動物は標本数が少なく、標準偏差値が計算できませんでした。⊠：ヤマアラシ（齧歯目《げっしもく》ヤマアラシ科）、＋：アグリオテリウム（食肉類クマ科）、▬：ドルカビューネ（偶蹄目《ぐうていもく》マメジカ科）、⁎：メリコポタムス（偶蹄目アントラコテリウム科）、●：シバコエルス（偶蹄目イノシシ科）、▲：プロポタモコエルス（偶蹄目イノシシ科）、⬢：ヘクサプロトドン（偶蹄目カバ科）、◇・■・□：ウシ科３種（偶蹄目ウシ科）、◆：インドサイ（奇《き》蹄目《ていもく》サイ科）、△：ステゴドン（長鼻目《ちょうびもく》ステゴドン科）、×：シノマストドン（長鼻目ゴンフォテリウム科）。（[8] を改変）

の区別ができるようになってきました。もちろん両者の中間に位置する動物もいるわけですが、年代ごとにその傾向を探れば、森林環境から草原環境への変化といった古環境変動も推定できます。特に約900万年前に南アジア〜東アフリカで始まったとされる地球規模の寒冷化・乾燥化に伴う森林環境から草原の拡大は、こういった歯のエナメル質の安定同位体比の解析から明らかになってきたのです。[7]私がミャンマーで行った調査では、中新世末（約600万年前）のミャンマー中部がまだ森林と草原が混在した環境だったことがわかりました（図11）。現在のミャンマー中部は乾燥した草原が多いので、鮮新世以降に乾燥化が進んだことがわかります。

また、この手法を炭素以外の元素でも用いることができます。現生種では窒素（^{14}N）の安定同位体である^{15}Nの比率を計測し、考古遺跡の動物歯から詳細な食性推定が行われています。しかし、数百万年前の化石では窒素を含む成分であるタンパク質の保存が悪く、その分離が難しいので、より長期間にわたり残存する歯牙エナメル質の酸素（^{16}O）の安定同位体である^{18}Oの比率を計測して研究が進んでいます。酸素の安定同位体比は対象動物の水分の摂取行動に影響を受けることがわかっていますが、その他にもさまざまな要因が関係しているので解釈が難しいようです。今後の研究の進展次第では重要なデータとなる可能性が高いと考えられています。

前頁の図11は、ミャンマーの約５５０万年前の安定同位体比解析の結果です。３区分のうち、左が温暖湿潤な森林環境に生息していた葉食性動物（C_3植物食）、右が乾燥した草原環境に適応した草食性動物（C_4植物）、真ん中が森林と草原が混在した環境に棲息していた動物を示しています。サイ、イノシシ、マメジカ、ゾウは森林性の葉食者で、半水棲のカバとメリコポタムスは草原の草を食べていたようです。また3種のウシは草食性への適応傾向を示しています。肉食動物のアグリオテリウムは森林棲と草原棲の両方の動物を補食していたようです。

オスのサルの犬歯はなぜ大きいんですか？

犬歯が大きいとボスザルになります。

性選択の影響

大抵の動物園には「猿山」というコーナーがあって、コンクリート製の小山に数十頭のサルの群れが放し飼いになっています。こういった猿山のほとんどはニホンザルかマントヒヒの群れなのですが、その中に小山の一番高いところに座ってしきりに大きなあくびをしている大きなサルを見かけたことがあると思います。何も知らないで眺めていると、サルの世界は平和であくびばっかりしているんだなぁと思ってしまうかもしれません。しかし、このあくびはヒマだからしているのではありません。小山の頂上であくびをしているのは、この群れの中で一番大きくて強いオスザルです。彼はあくびをすることで口の中の**大きな犬歯**を見せびらかし、自分の強さをアピールしているのです（次頁図12）。

サルに限らず大抵の哺乳類にとって鋭く大きな犬歯はさまざまな「戦い」の際の重要な武器です。肉食性の種にとっては獲物を捕らえて切り裂く凶器です。肉食性でない種においては、犬歯はオス同士の戦いの武器となりま

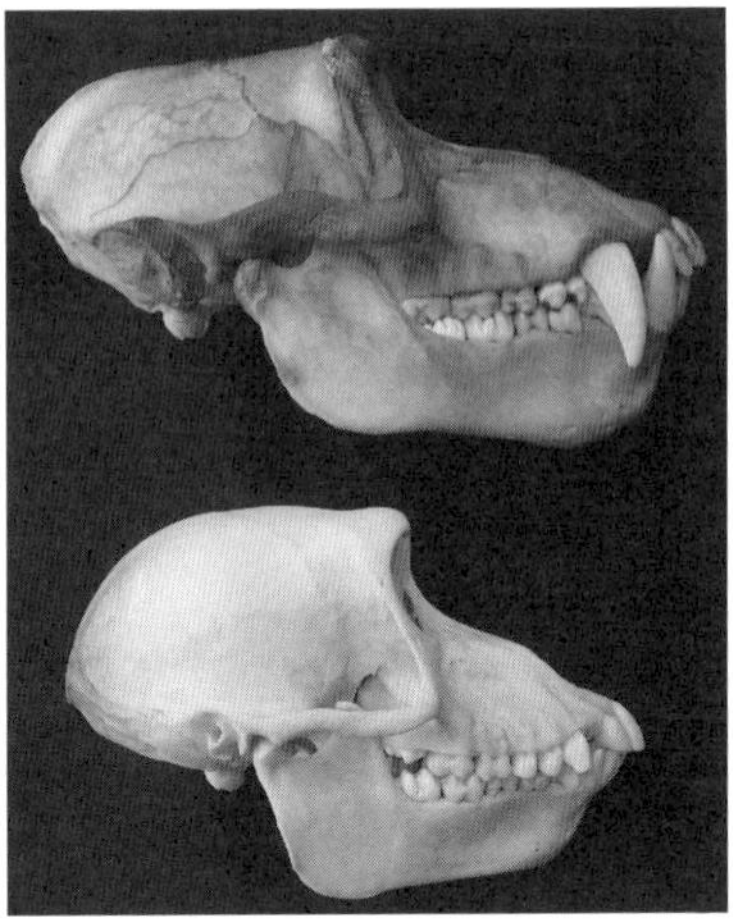

図 12　マントヒヒのオス（上）とメス（下）の頭骨。下顎《かがく》の第三小臼歯は上顎犬歯の裏に、下顎犬歯はその前に出ています。オスの上顎犬歯がメスの上顎犬歯の 5 倍くらいあるのがわかります。こんな犬歯を見せびらかされたらびびってしまいますね。

す。群れ間の縄張り争いの他に、群れの内外でのオス同士の順位を巡っての争いがあります。どちらの場合でも、勝ったオスは強い力をもち、多くのメスを従えることになるのです。サルの場合、犬歯などを駆使して実際に戦うこともありますが、実際には戦う前に犬歯の大きさを誇示することで、戦わずして実力を見せつけて順位争いに勝つことが多いのです。もちろん犬歯以外にも体の大きさや、俊敏さなども順位を決める大きな要素ですが、**ディスプレー**（誇示行動）として最も象徴的な特徴は、大きな犬歯といえます。

犬歯の大きさで性判定

このように、大きな犬歯をもつオスは群れの中での順位が1位になることが多いのですが、同じ群れのメスは大きな犬歯をもつ必要があまりないので、犬歯は大抵オスの半分くらいの大きさです。またサルの場合、上下の同じ歯種がかみ合う際には基本的に上顎の歯が外側・後側になります。したがって、上顎の犬歯は下顎の犬歯とそのすぐ後にある歯（第三小臼歯《しょうきゅうし》）の外側をすれ違い、互いの

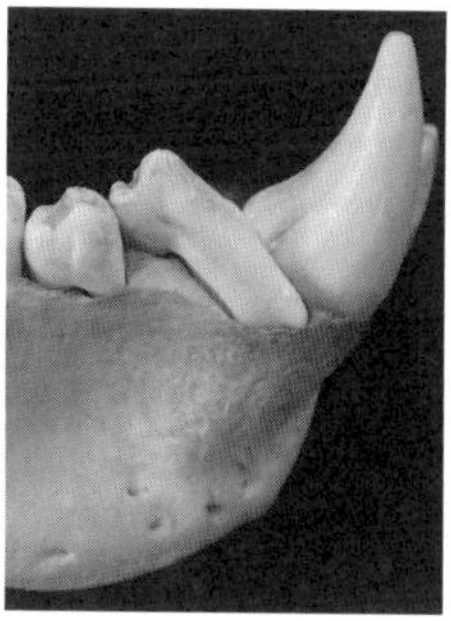

図 13 オスのマントヒヒの右下顎の犬歯と小臼歯（2本）。一番前の小臼歯（第三小臼歯）の前方が長い斜面を形成して、上顎犬歯とかみ合う。

歯を「研ぎ合わせる」ことになります（図13）。こうして上下の犬歯は鋭く磨かれ、さらに下顎の第三小臼歯も上顎犬歯の大きさに対応する形で大きく長くなります。この上下の犬歯と下顎第三小臼歯の組合せを霊長類における**裂肉歯** sectorial tooth と呼び、雌雄の差が大きいことから「**性的二型**（オスとメスで形が違っていること）」の典型例となっています。この上下の犬歯と下顎の第三小臼歯が出てくれば、化石の歯だけで性別を判断することができます。

逆にいうと、犬歯―第三小臼歯に性的二型が存在するとそれは群内の雄間競争が存在することを示しています。雌雄の犬歯のサイズの違いと群れの構成について調べた研究によると、犬歯の性差が大きいと単雄複雌群《たんゆうふくしぐん》（オス1頭に対してメスが複数頭の群れ）になる傾向が強く、犬歯の性差が無いと単雄単雌群《たんゆうたんしぐん》（オス・メス1頭ずつのペア）になるようです。したがって化石種の標本で犬歯に性的二型と思われる違いが観察されると、群内にメスが複数頭いた可能性が高いことになります。

たった1本の歯で群れの社会構造まで推測できるというのは不思議ですね。

ヒトとサルで歯の数は違いますか？

数だけでなく形も違います。

進化の過程で歯が減った？

私たちヒトが何本の歯をもっているか、知っていますか？　下顎《かがく》の右側を鏡で見るか舌で触ってみましょう。シャベルのような板状の切歯《せっし》（前歯のこと）が2本、尖った犬歯《けんし》（糸切り歯）が1本、ちょっと短い小臼歯《しょうきゅうし》が2本、大きな大臼歯《だいきゅうし》が3本、合計8本あります。（大臼歯が2本しかない人もいると思いますが、一番奥の「親知らず」が生えていないだけで異常ではありません。）左右、上下の歯の数は同じですから、上顎に16本、下顎にも16本で、合計32本が基本です。この他にヒトでは乳歯も生えます。乳切歯が2本、乳犬歯が1本、乳臼歯が2本生えて、それぞれ永久歯に生え替わりますから、ヒトの生涯では52本生えると考えることもできます。

しかしこの歯の数は、すべてのサルで同じではありません。最初の有胎盤《ゆうたいばん》哺乳類《ほにゅうるい》（カンガルーなどの有袋類以外の哺乳類のこと）は切歯が3本、犬歯が1本、小臼歯が4本、大臼歯が3本あったのですが、進化の過程で次第に歯の数が減っていったのです。具体的には切歯は後の方から消失し、小臼

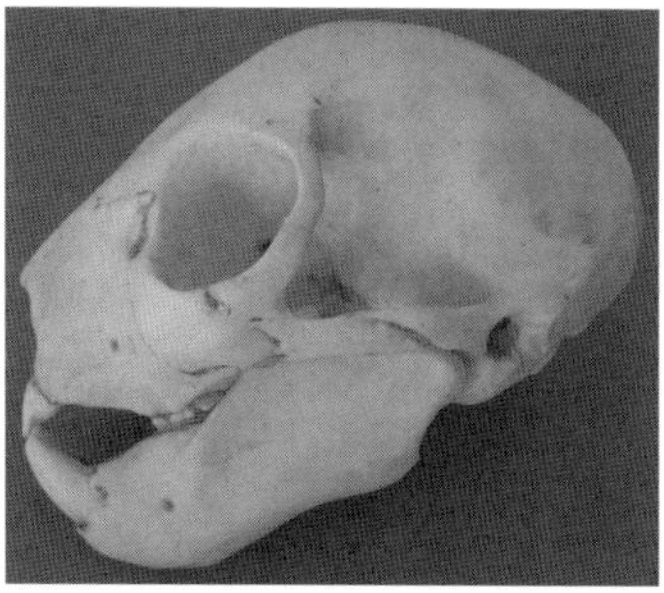

図 14　アイアイの頭骨（模型）を横から見た図。切歯が大きくて犬歯が無くなっているので、まるで齧歯類のようですが、眼窩の周りには骨性の枠があるので霊長類とわかりますね。

歯は前の方から消失しました。曲鼻猿類《きょくびえんるい》では原始的な状態を保っているサルが多いのですが、童謡で有名なアイアイでは犬歯がなくなるという珍しいことが起きています（**図14**）。まるで齧歯類《げっしるい》（ネズミの仲間）ですね。

また南米大陸に棲息する広鼻猿類《こうびえんるい》では、小臼歯が3本残っていてヒトよりも原始的な状態を保っているのですが、マーモセットやタマリンという小さなサルでは大臼歯が2本しか生えません。「親知らず」が生えないという点ではヒトよりも「進化」しているように見えますが、実際には体が二次的に小型化して寿命が短くなったので、生きているうちに最後の歯（親知らず）が生えなくなったのかもしれません。

歯の大きさと形

第1章「化石とただの石は区別できますか？」で、哺乳類の化石は歯が命という話をしました。サルの化石でも歯が見つかるといろんなことがいえます。まず歯の大きさ、特に大臼歯の大きさと体サイズの間には高い相関関係があるので、1本の歯が見つかれば体重の推定が可能です。次に歯の**咬頭**《こうとう》（歯の表面で突き出ているところ）や稜の形を見ると、そのサルがどんな食性だったのか、ある程度の推測ができます。また霊長類では、最初のサルは非常に小さく、果実と虫を主に食べていたのです

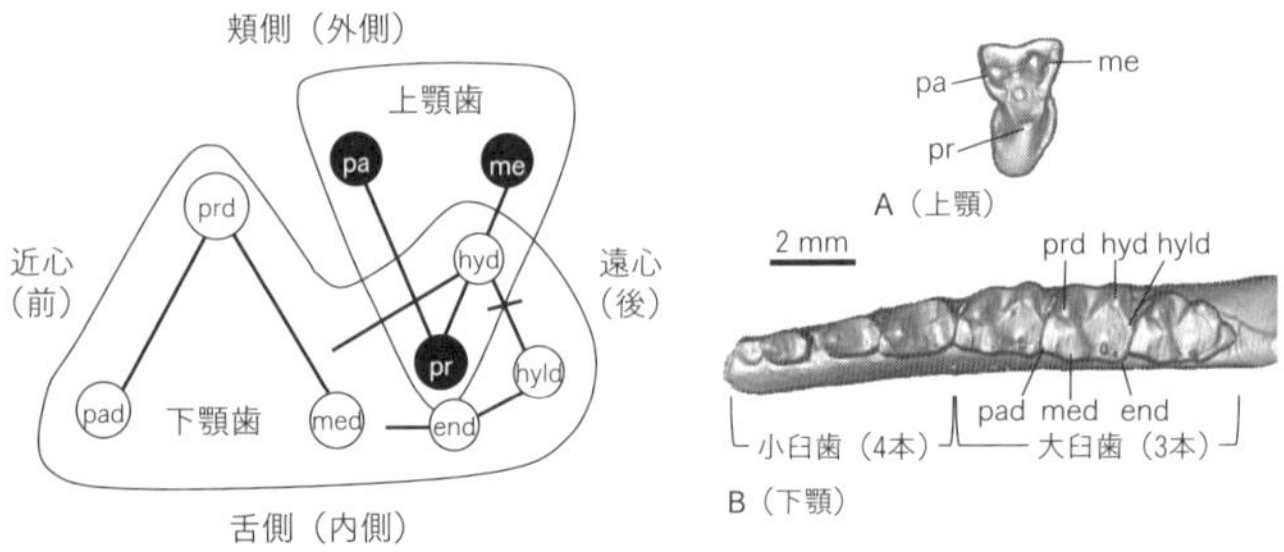

図15（左） 初期哺乳類の上下顎の右臼歯の咬頭配置図（咬合面から見た図）。歯の咬頭を円で（●が上顎、○が下顎）、咬頭を結ぶ稜線を太線で示しています。下顎歯の遠心部（タロニッド）の凹部に上顎歯の舌側のプロトコーン（pr）という咬頭が咬み合うようになっています。上顎歯の咬頭の略称は、74頁参照。

（右） 暁新世初頭の霊長類、**プルガトリウス**の右上顎大臼歯（A）と右下顎歯列（B、第二小臼歯〜第三大臼歯）の三次元画像。上が頬側、舌が舌側。左が近心、右が遠心。図1と比較してみるとわかりますが、上顎大臼歯は3咬頭性で、下顎大臼歯は6咬頭性です。1本の歯が2 mm位なので、とても小さいサルだということがわかります。

が、進化の過程で次第に大型化したサルが現れて、果実と葉を食べるようになりました。消化しにくい葉のセルロース（植物繊維のこと）を主食にするためには、大きな胃や腸が必要なためです。体サイズ（つまり歯のサイズですね）がある大きさを超えると、葉食性の割合が急激に増加するという研究結果があります。[9]

また歯の形で、そのサルの系統的な分類位置もわかります。[10] 初期のサルの歯は原始的な哺乳類のパターンとほぼ同じで、大臼歯の咬頭は、上顎が3咬頭で下顎が5咬頭または6咬頭でした（**図15**）。上顎の大臼歯の輪郭は頬側に二つ頂点をもつ近遠心方向に短い三角形でしたが、次第に舌側遠心部にハイポコーン（hy）という咬頭ができて4咬頭になります。全体的な輪郭も四角形に近くなっていきます。一方、下顎大臼歯は、もともと二つの三角形が前後にくっついたような形をしていましたが、進化の過程

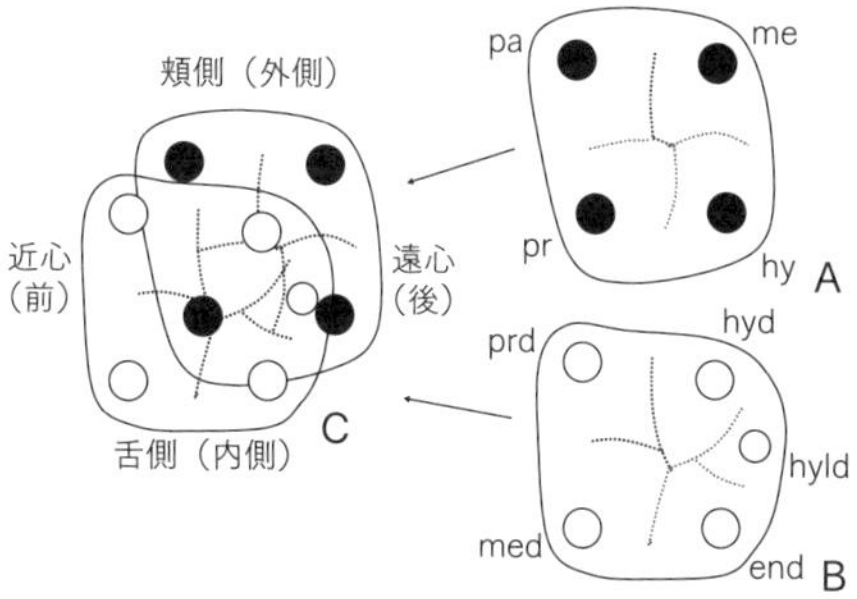

図 16　チンパンジーの上下顎大臼歯の咬頭配置の模式図（咬合面から見た図）。●と○が咬頭、点線は溝を表しています。上顎（A）は 4 咬頭、下顎（B）は 5 咬頭になっていて、上下の歯を咬み合わせると（C）、下顎の真ん中の凹部に上顎のプロトコーン（pr）が来ます。なお、咬み合わせの位置関係を示すため、A は左上顎歯、B は右下顎歯の配置を示しています。

で前の三角形の一番近心の咬頭が次第に消失し後の三角形には咬頭が一つ増え、類人猿では5咬頭になります（図16）。こういう進化傾向を知っていると、化石種の進化の程度がわかります。

さらに真猿類になると、より咬頭が低くなり、上顎も下顎も大臼歯の輪郭は四角形に近くなります。各系統で歯の形が分化して、広鼻猿類、オナガザル上科、ヒト上科で歯の形がはっきりと区別できるようになります。専門家になると、歯の破片が出てくるだけでかなりの種同定（種名を決定すること）が可能になります。

基礎知識

歯の形態学

哺乳類の歯は機能的

第2章「ヒトとサルで歯の数は違いますか?」でサルの歯の進化について説明していますが、ここではもう少し丁寧に哺乳類の歯の進化について解説します。脊椎動物の進化の過程で歯が出現したのは魚類からですが、最初の頃の歯は咬頭《こうとう》と呼ばれる尖った部分が一つだけの円錐形でした(図17A)。こういった形の歯が上下の顎に何本も並んでいて、上顎の歯が外側(頬側)に少しずれた状態で咬み合うのが基本です。

この同じ円錐形の歯(同型歯性という)が並ぶパターンはハ虫類まで続きました。哺乳類になると、歯の頂点(主咬頭という)の前後に新たに咬頭ができ(図17B)、さらに臼歯《きゅうし》では三つの咬頭が三角形を形成するようになりました(図17C・D)。その結果、哺乳類の歯は、切歯《せっし》・犬歯《けんし》・小臼歯・大臼歯の4種類に分かれるようになります(異型歯性という)。特に大臼歯では咬頭の数が増えて形が複雑になり、それまで上下の歯が咬み合って「切り裂く」だけの機能しかなかった歯に「すり潰し」という機能が増えたのです(図17E)。化石哺乳類の研究で有名なジョージ・G・シンプソンはこういったパターンを示す歯を**トリボスフェニック型臼歯**と名付けて、その形態に対して機能的な解釈をしました。[11] トリボスフェニックという言葉は、ギリシャ

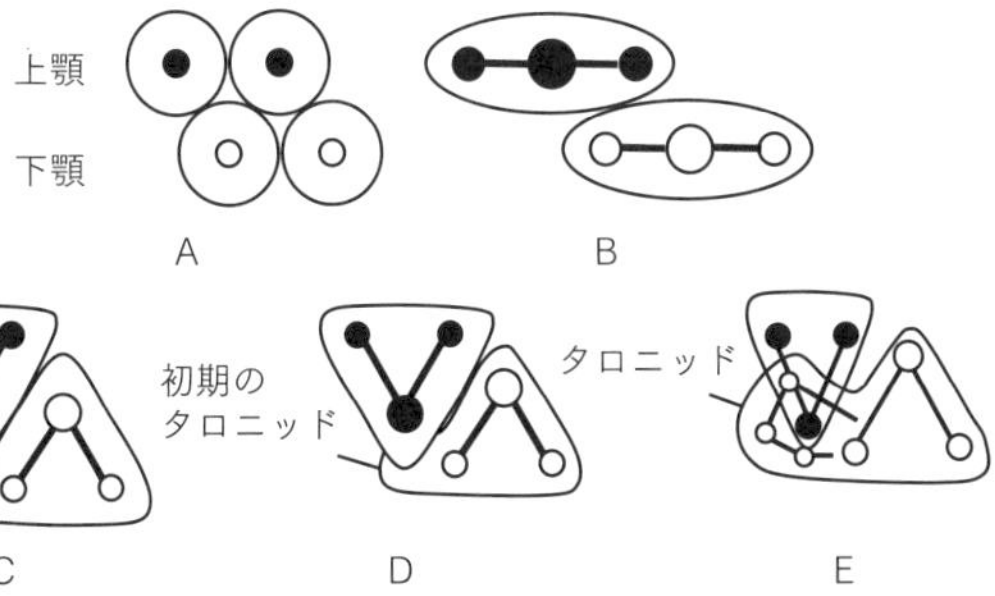

図 17　哺乳類の歯の進化（咬合面から見た図）。●（上顎）と○（下顎）は咬頭の位置を示します。なお、下顎は咬合面から見た図ですが、上顎は透過図になるため咬頭の配置は逆転しているので注意して下さい。ハ虫類（A）、三錐歯類（B）、相称歯類（C）、新汎獣類（D）、原始的哺乳類（E）。

語で「摩擦」という意味の「トリボス tribos」と、楔《くさび》という意味の「スフェン sphen」を組み合わせた造語ですが、原始的な哺乳類に見られる切り裂きとすり潰しの両方の機能を持つ哺乳類の歯の構造を的確に説明しています（次頁図18）。

効率的な咀嚼

トリボスフェニック型臼歯では、上下の歯が咬み合う際に上顎臼歯のプロトコーン（pr）の近心面と下顎のプロトコニッド（prd）とメタコニッド（med）の遠心面の間がすれ違って、「切り裂き」機能が働きます（次頁図18A・B破線部）。その後、さらに上下臼歯が接近し、上顎のプロトコーン（pr）が下顎のタロニッド（臼歯の遠心部のこと）の凹部に完全に接触することで「すり潰し機能」が働きます（次頁図18B網線部）。こうして、1回の咬み合わせで食物を「切り裂いて」「すり潰す」という二つの機能が同時に働く効率的な咀《そ》嚼《しゃく》が可能になりました。[10]

こうした典型的なトリボスフェニック型臼歯をもった初

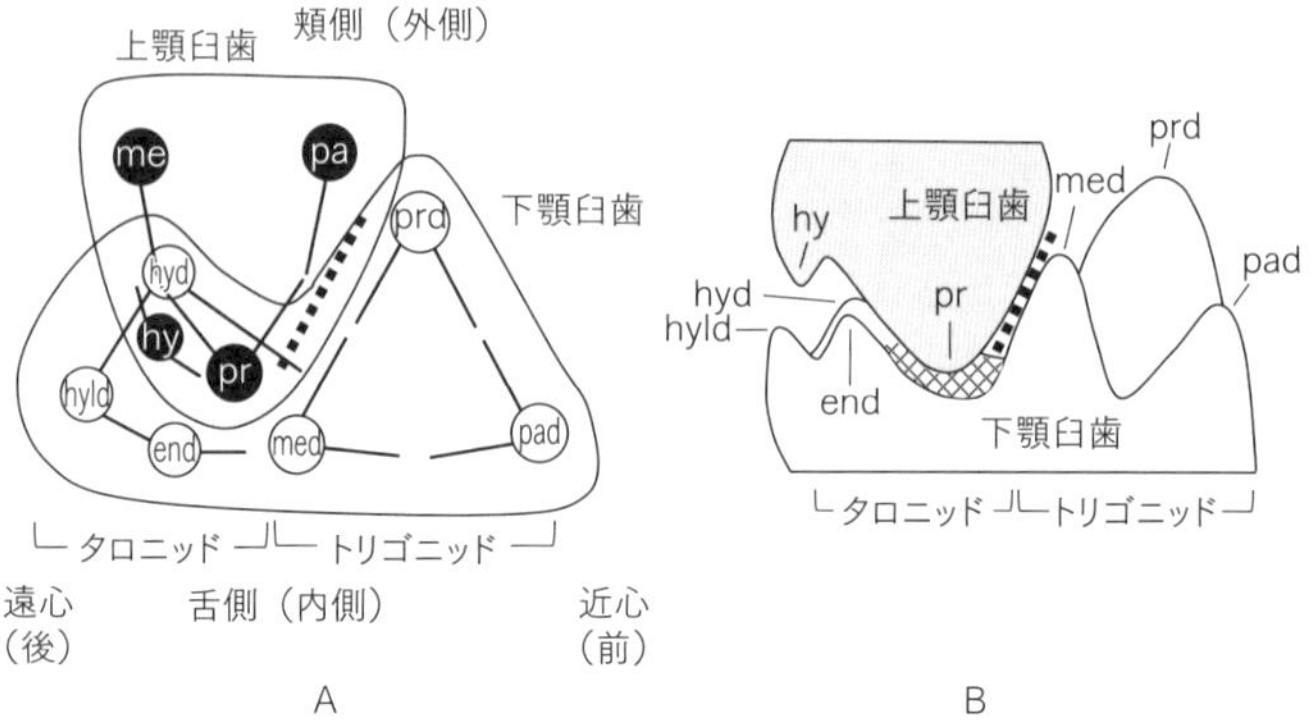

図 18　トリボスフェニック型臼歯の概念図（A：咬合面、B：舌側面）。図 1E の段階からさらに進化し、上顎に四つ目の咬頭（hy：ハイポコーン）が出現しています。「切り裂き」が機能した（破線部）後に、「すり潰し」が行われる（B の編み目部）が、1 対の歯で二つの機能が働くことに着目して下さい。pa：パラコーン、me：メタコーン、pad：パラコニッド、end：エントコニッド、hyd：ハイポコニッド、hyld：ハイポコニュリッド。

期の哺乳類は、小型で虫や小動物、果物などを食べていた動物と考えられています。彼らはやがてその食性や習性に応じて適応放散を遂げ、臼歯の形も変化していきました。極端な例として、長鼻類《ちょうびるい》（ゾウの仲間）ではタロニッドの遠心部に咬頭がどんどん増えていって、まるで「ソロバン」のような歯になっています（図19）。とても同じトリボスフェニック型臼歯から進化したとは思えませんね。

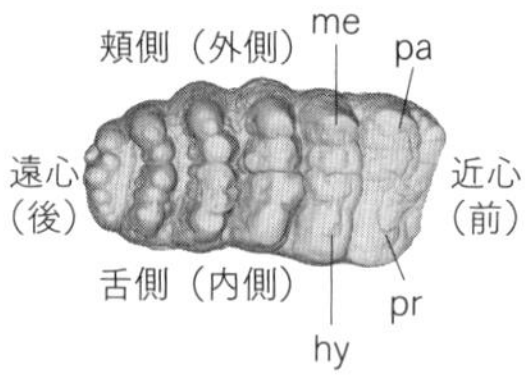

図 19　ステゴロフォドン（長鼻類）の右上顎第 3 大臼歯。遠心方向に咬頭が増えて次々に稜を形成して「ソロバン」のようになっています。

第 3 章

サルの進化

メガネザルの眼はなぜ大きいの？

夜行性で夜に少ない光量で活動するためです。

メガネザルの眼は光らないから大きい

夜行性の動物は真っ暗な闇の中でどうやって行動するのでしょうか？　彼らが暗闇で行動するためには不足している光量を補う必要があるのですが、その方法は大きく分けて二つあります。一つは少ない光量を眼の中で反射させて増幅する方法です。眼の網膜の裏側に**反射膜**（タペータムという）をもつことでこういったことができるようになります。夜中にネコに遭うと眼が光って見えますが、これは少量の光を眼の中で反射させているためです。サルの中でも曲《きょく》鼻《び》猿類《えんるい》には夜行性の傾向が強い種がいて、彼らの眼は夜中に光っています。

光量を補うもう一つの方法は、眼に入ってくる光量を大きくすることです。メガネザルのような小型の動物では、眼に反射膜がないのですが、かわりに体サイズの割に眼球が大きくなっていて、夜行性に適応しているのだと考えられています（図1）。メガネザルは東南アジアの島嶼《とうしょ》部に棲息し、普段は森の樹の幹に垂直にしがみつき、移動する時は発達した下肢で隣の樹に

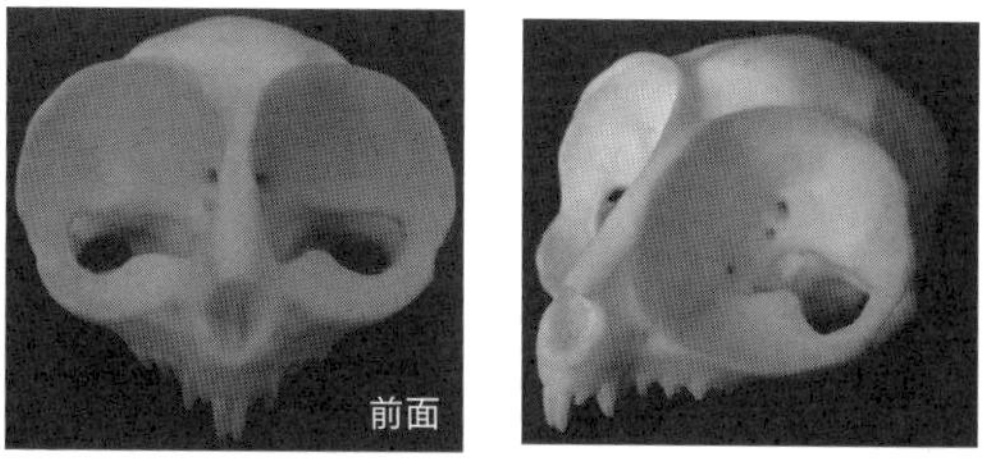

図１　メガネザルの頭骨（模型）。頭骨の大きさの割に眼窩《がんか》が異様に大きいことがわかります。

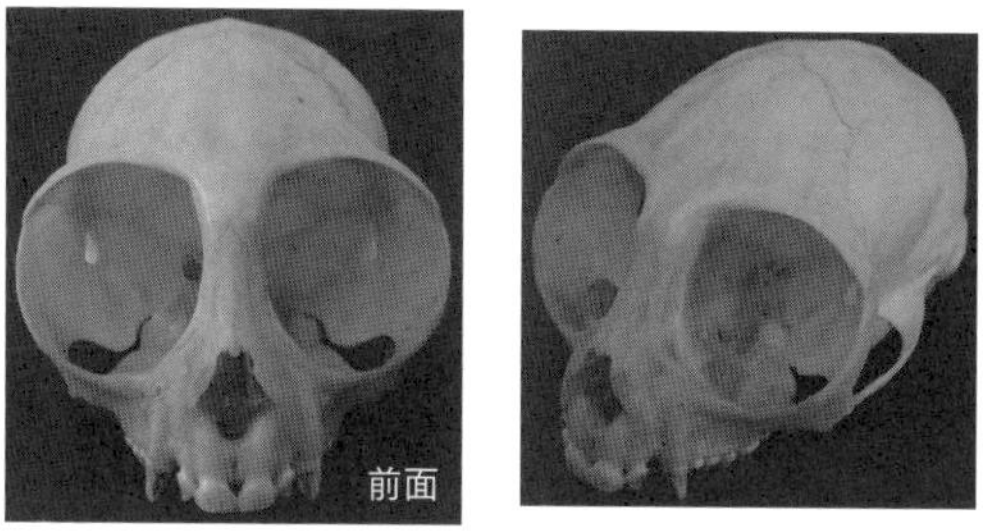

図２　ヨザルの頭骨。メガネザルに比べると眼窩はやや小さめですが、眼窩の下の孔はかなり小さくなっていて、明らかに真猿類としての特徴をもっています。

飛び移ります。眼が大きすぎるのであまり眼球を動かすことができず、その代わり首を回転させて周りを警戒しているようです。まるでフクロウのようですね。

　メガネザルの他にも眼が大きいサルがいます。南米の熱帯雨林に棲息しているヨザルです（図２）。彼らは完全な夜行性ではありませんが、夜中にかなり行動するので眼がとても大きくなっています。ヨザルの祖先、すなわちアフリカから南米に進入した初期の原始的な広鼻猿類《こうびえんるい》は昼行性だったと考えられています。彼らは反射膜をもっていませんでした。ヨザルが夜行性へと行動パターンを変えていく際に、眼を大きくすることで光量の不足を補うように進化したのでしょう。

オモミス類は夜行性？

夜行性を示すような大きな眼窩をもった化石種としては、始新世に北米やヨーロッパで繁栄したオモミス類がいます。初期の真霊長類（巻末「系統樹」参照）は暁新世の末期（約5500万年前）頃からアダピス類とオモミス類（**図3**）の二つの系統に分かれて進化しました。アダピス類が次第に大型化していくのに対して、オモミス類は小型で比較的眼窩が大きい種が多かったので、夜行性の傾向が強かったと考えられています。

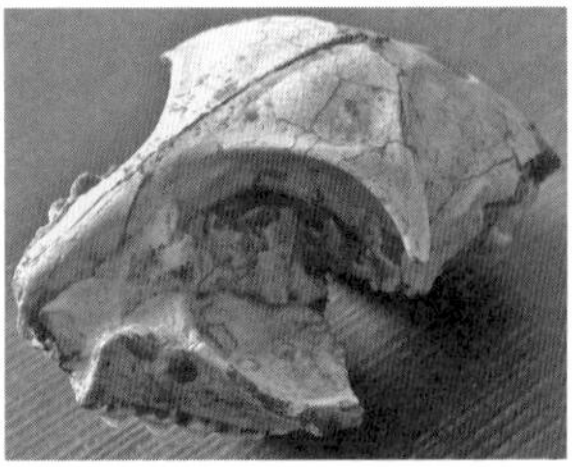

図3 ネクロレムール（オモミス類）の頭骨化石。眼窩はかなり大きく、夜行性であった可能性を示しています。ただし、現生のメガネザルと比べると眼窩は少し小さいですね。

ところで、夜行性の種の代表であるメガネザルの祖先はオモミス類ではないかと考えられてきました。しかし後肢の足首の骨の構造などに違いがあることから、これまでに見つかっているオモミス類の中にはメガネザルの祖先はいないと考えられています。近年、東南アジアのタイでメガネザルの仲間と思われる化石が見つかりました。[1] 歯が似ているということでメガネザルの祖先とされていますが、大きな眼窩をもつ頭骨は見つかっていません。非常に壊れやすい骨なので、なかなか見つからないようです。

類人猿の祖先は何というグループですか？

真猿類というグループです。

鼻面が短い「サルらしいサル」

現在、霊長類は曲鼻猿類《きょくびえんるい》と直鼻猿類《ちょくびえんるい》に分けられていますが（巻末「系統樹」参照）、昔は「原猿類」と**真猿類**という二つのグループに分けられていました。「原猿類」とは現生のキツネザル類とロリス類にメガネザル類を加えたグループだったのですが、研究が進むにつれメガネザルが他の原猿類よりも真猿類に近いことが確実となり、現在は「原猿類」という分類群は解体され、メガネザルと真猿類を直鼻猿類というグループでまとめています。

さらに真猿類は中南米に住む**広鼻猿類**とアジア・アフリカに棲息する**狭鼻猿類**に分類され、われわれヒトは狭鼻猿類に含まれます。真猿類は鼻面《はなづら》（吻《ふん》）が短くて顔が丸味を帯びていることが多いので、「サルらしく」見えますが、曲鼻猿類のキツネザルでは鼻面が長くて、どことなくイヌかキツネに似ているのとは対照的です。ちなみにキツネザルの仲間にイタチキツネザルというサルがいます。一つの名前に三つの動物が入っていて変な名前なのですが、なぜこんな名前になったのかはよくわかりません。

立体視と眼窩後壁

白亜紀末の初期の霊長類は長い鼻面と長い尻尾をもった**樹上性の四足歩行者**で、花の周りに群がる小さな虫や、花弁・蜜・果実などを食べていました。外敵の接近を広く感知できるように両眼は顔の横に付いていました。また四足性で頭の位置が低く、上方から来る外敵が多いため、**眼の方向**（視軸という）は少し上の方を向いていました。

こういった初期霊長類は、時が経るにつれ大型化し、鼻面が短くなり、頭骨の横幅が広がってきました。視軸は横上方から前水平方向へと変化して行きました。視軸が前方を向くようになると、視野は狭くなるのですが、両眼の視野が重なる範囲が拡大することで**立体視**（三次元視）が容易になり、常に前方の対象物との距離間が認識できるようになりました。距離を正確に測れることで、食物（獲物）である虫や果実を確実に捕獲できるようになったのです。

視軸の前方化は、骨格としては眼窩《がんか》（眼球の収まる凹みのこと）の向きに反映されます。初期霊長類では、眼窩が頭骨の前方に位置するようになると、眼窩が「骨性の枠」で囲まれるようになりました。頭骨に対して比較的大きく前方に位置するようになった眼を保護するために発達したと考えられています。現生の曲鼻猿類でもこの特徴が見られます（図４A）。このような骨性の眼窩枠は霊長類以外の食肉類やウマなどでも見られるのですが、真猿類では特にこの形質が進化して眼窩の後側に骨性の壁が形成され、その結果、眼球の前方以外は骨で覆われるようになりました。これが真猿類の最大の特徴である**眼窩後壁**《がんかこうへき》です（図４B）。

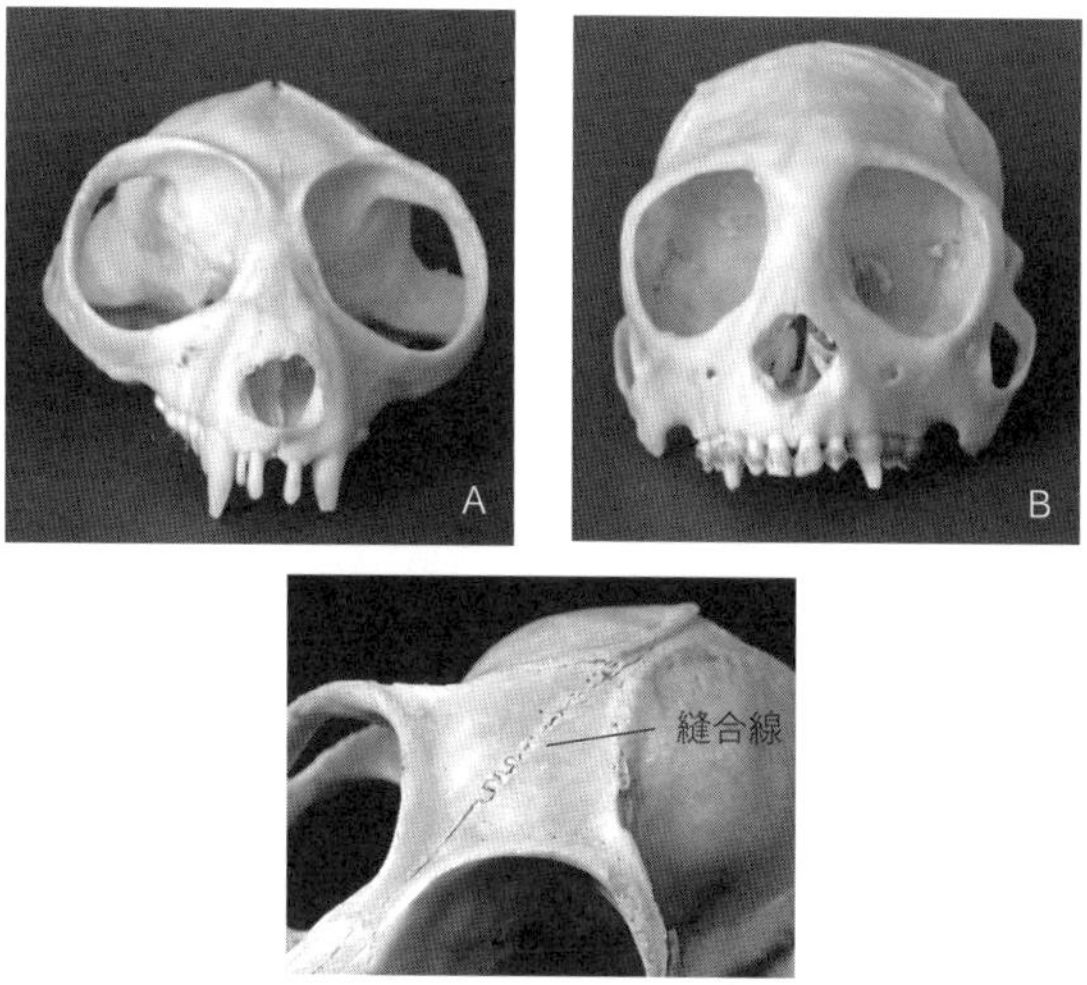

図４　曲鼻猿類のスローロリス（A）と真猿類（広鼻猿類）のティティ（B）の頭骨の比較。Aでは眼窩の周りに「枠」ができていますが、後ろが素通しになっています。また前頭部は左右の骨が完全に癒合せず縫合線《ほうごうせん》と呼ばれる骨と骨のつなぎ目が見えます。一方、Bでは眼窩の後ろに骨性の壁が形成されていて、前頭部は完全に癒合しているのがわかります。

しかし眼窩後壁は壊れやすい骨で、現在もよく野球選手が頭部に死球を受けて眼窩底骨折したりしています。真猿類の進化の初期段階では眼窩後壁はかなり薄かったと考えられており、化石で確認されている最古の例は、エジプトのファユムという地点で見つかっている約３５００万年前の**カトピテクス**です（85頁図7参照）。今後もっと古い化石が見つかると思いますが、不完全な眼窩後壁はかなり壊れやすいので、化石として見つけるのはなかなか難しいでしょう。

眼窩後壁の重要性

分子生物学が発展するまでは、生物の分類はその特徴的な形態を基に互いに似ている種をグループとしてまとめていました。ゾウの長い鼻やキリンの長い首などがその典型的な例です。こういった近縁な生物にだけ共有されている特徴を専門的には**共有《きょうゆう》派生《はせい》形質《けいしつ》**と定義しています。「派生（的）」という言葉は聞き慣れない言葉ですが、「進化した」とか「獲得された」と読み替えるとわかりやすいかもしれません。

しかし生物に共有されている形質の中には、もともと共有されている原始的な形質（共有原始形質）があります。例えば、マカクザルの尻尾はもともと長かったので、長い尻尾を基に系統的に近いとは言いきれません。そこで、分岐系統学ではこういった特徴をたくさん集めてきて、いくつも分岐系統樹を作成し、その進化の過程で最も形質が変化しないパターン（最節約系統樹といいます）を導くようになっています。

真猿類にみられる眼窩後壁は、頭の骨を形成している多数の骨（前頭骨・頬骨・篩骨《しこつ》・蝶形骨《ちょうけいこつ》・涙骨・上顎骨）から構成される特徴なので、その成立には多くの骨が変形する必要があります（図5）。したがって進化の過程で非常に起こりにくい現象と考えられているので、真猿類の最も有力な定義と考えられているのです。

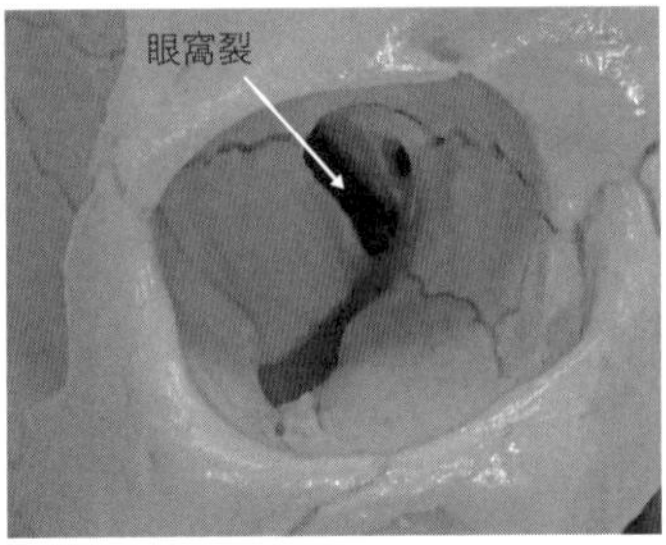

図5　ヒトの頭骨の右眼窩部の写真（模型）。複数の骨で構成されていることがわかります。眼窩の奥の黒い部分は眼窩裂という神経が通る開口部です。

発展知識

真猿類の祖先

いまだ決着つかず

真猿類が出現したのは始新世の前半（約5000万年前）とされていますが、その起源については諸説あり、まだ決着はついていません。従来の説としては、メガネザル起源説、オモミス起源説、アダピス起源説などがあります。現生種だけの系統解析をすると、当然、メガネザルから分岐したことになるのですが、化石種を含めてさまざまな形質を用いた系統解析をすると、メガネザルはオモミス類の系統に含まれるため、真猿類に最も近縁な分類群にはならないという結果が出ています。確かにメガネザルは完全な夜行性で、四肢骨《ししこつ》の形態も特殊化が進んでいるので、メガネザルから直接真猿類が進化したというのは少し無理があるようです。そこで「メガネザルを含んだ分類群」としてのオモミス起源説が有力とされてきました。とはいえ、始新世の北米やヨーロッパ、そして東北アジアなどからオモミス類の化石がたくさん見つかっているものの、これまで真猿類の最大の特徴とされる眼窩後壁《がんかこうへき》（79頁参照）の存在を示すような化石は見つかっていません。また、歯の形態が特殊化していて、特に真猿類の特徴である大きな犬歯《けんし》が見られない点もオモミス説の信頼性を欠く根拠となっていました。

一方、始新世の真霊長類のもう一つの系統であるアダピス類起源説を唱える研究者は、アダピス類が大きな犬歯をもち、上顎大臼歯《じょうがくだいきゅうし》が4咬頭性になっている点などを重視しています。2009年に、進化学者チャールズ・ダーウィンの名前にちなんで**ダーウィニウス** *Darwinius* と命名されたほぼ完全な骨格化石が真猿類の祖先として大きな注目を浴びましたが、[2] 現在ではアダピス類の一つで真猿類の祖先ではないという見方が多数を占めているようです。

エオシミアスの発見

以下は、巻末「地図」を見ながら読んで下さい。〇囲みの数字は、地図中の場所を示します。

前述のような状況の中で、中国中部の中期始新世の地層から非常に小さなサルの化石が見つかりました（地図②）。下顎の長さは2㎝くらいしかないのですが、大きさの割に下顎骨《かがくこつ》が深く（＝高く）、前方に向かって浅くなっていません（**図6**）。顎の先端部には切歯《せっし》が垂直に生えており、犬歯も他の歯よりも高くなっています。臼歯の形は原始的ですが、オモミス類のような特殊化はしていません。残念ながら、頭骨は発見されなかったのですが、「真猿類の祖先」という意味の**エオシミアス** *Eosimias* という名前がつけられました。[3][4] その後、このエオシミアス科の系統的位置に関してはさまざまな議論が起きたのですが、次第にミャンマー（地図③）、インド（地図④）、パキスタン（地図⑤）などから化石が見つかり、現在では真猿類の祖先と考える研究者が

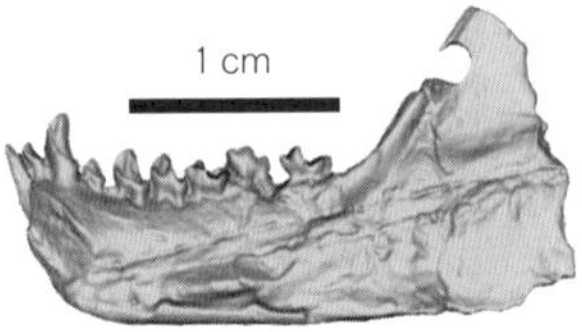

図6　エオシミアス（エオシミアス科）の右下顎骨化石（舌側面、模型）の三次元画像。顎の長さはわずか 2 cm、1 本の歯は 1〜2 mm 程度です。顎の先端が垂直に立っていて、犬歯が他の歯よりも大きいことがわかります。

増えています。[5][6][7] しかし、現在でも眼窩後壁を示すような頭骨化石が見つかっていないので、今後の発見次第では系統解析の結果が変わってくる可能性もあるでしょう。

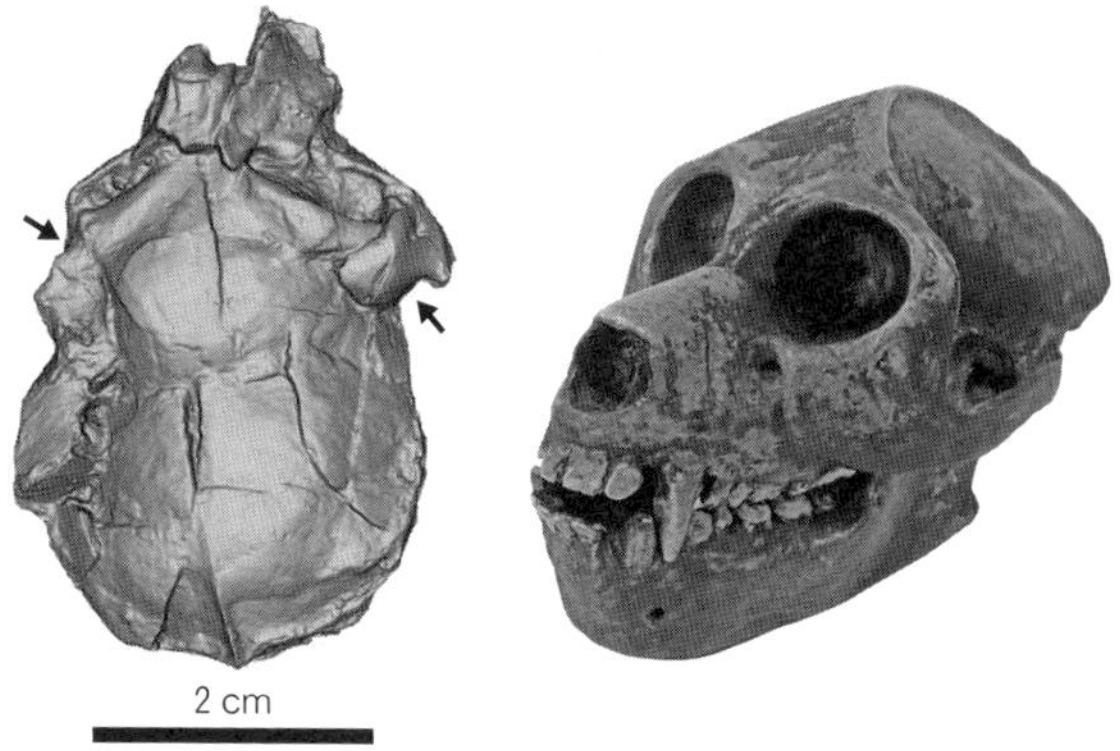

図7（左）　**カトピテクス**（オリゴピテクス科）の頭骨化石（背側面、模型）の三次元画像。ペシャンコにつぶれていますが、眼窩後壁の存在（矢印の部分）が確認できます。
（右）　**エジプトピテクス**（プロプリオピテクス科）の頭骨化石復元模型。眼窩後壁は完全で、犬歯が大きく、鼻面が長くなっています。今のサルにかなり似ています。

ファユムの初期真猿類化石

では確実に真猿類といえる化石、つまり眼窩後壁の存在が確認される化石はどこから見つかっているのでしょうか？　それはアフリカ北東部のエジプトのファユム（地図⑥）という地域です。この辺りは霊長類だけでなく原始的な哺乳類化石がたくさん見つかることで有名ですが、出土する地層がかなり厚く、後期始新世～前期漸新世までと年代に幅があります。最も古い化石は約３７００万年前の化石です。ファユムの化石霊長類は分類がまだ確定していないものもあり、多くの科に分けられています。眼窩後壁が完成している頭骨化石もたくさん見つかっていて、小臼歯や大臼歯も現在の真猿類に似た形をしています。パラピテクス科やプロテオピテクス科などは南米にいる広鼻猿類のように小臼歯を3本保持しています。ところが同じファユムから見つかっているオリゴピテクス科やプロプリオピテクス科などは、旧世界（アジア・アフリカ）にいる狭鼻猿類のように小臼歯が1本減って2本になっています（前掲**図7**）。少なくとも4000万年前には真猿類の適応放散（さまざまな環境に適応して多くの系統に分かれて進化すること）が起きていたことを示しています。

このほか、北アフリカのリビアやアルジェリアなどからも初期真猿類らしき化石が見つかっていますが、アジア各地（中国南部・タイ・ミャンマー・インド・パキスタン）からも初期真猿類らしき化石が次々と見つかっています。こういった状況を考えると、真猿類の進化の舞台は中期始新世の**テチス海周辺部**（巻末「古地理図」参照）と考えるのが自然なようです。今後の化石の発見が楽しみですね。

南アメリカのサルはどこから来たの？

アフリカから大西洋を渡って来たようです。

不思議な分布図

現在のサルの3大分布域は、アフリカ、南〜東南アジア、そして南アメリカ（以下、南米）です（巻末「地図」黒の部分参照）。これらの大陸のどこにでもサルがいるわけではなく、だいたい森林地帯に棲息していることが多いのですが、よくよく考えてみるとこの分布域には不思議な点があります。アフリカとアジアは別の大陸とされていますが、アラビア半島の付け根で一応地続きになっています。しかし南米大陸はパナマ地峡で北米大陸とつながっていますが、アジアともアフリカともつながっていません。いったいぜんたい、南米のサル達はどこから来たのでしょうか？

以下は巻末「古地理図」を見ながら読んで下さい。●囲みの数字は図番号を示します。

第2章「最初のサルはいつ、どこで生まれたの？」で書いたように、古第三紀という時代には北米大陸やヨーロッパに原始的なサル達が住んでいて、サルの化石がたくさん見つかっています（古地理図❸❹）。1960年代までは、世界中の学者が北米大陸の原始的なサルがパナマ地峡を経由して南米大陸に拡散したのだと考えていました。しかし、北米の原始的なサルの化石をいくら研究しても南米の化石種の祖先となる種が見つかりませんでした。

ところが1970年代に**プレートテクトニクス**と呼ばれる理論が提唱され、大陸移動が本当にあったのだと考えられるようになり、風向きが変わりました。プレートテクトニクスというのは、地球の表面が何枚かのプレートと呼ばれる硬い岩盤から構成されており、このプレートが互いに動くことでその上に乗っている大陸が移動するという理論です。はじめは荒唐《こうとう》無稽《むけい》な「とんでも説」とされていたのですが、さまざまな分野からその根拠となる証拠が示されると急速に受け入れられるようになりました。

意外に近かった南米とアフリカ

現在、確実なサルの祖先とされる化石が見つかるのは約6600万年前以降ですが、この頃の地球上の大陸は、パンゲアと呼ばれる超大陸が分裂を始めた頃でした（古地理図❷❸）。サルの起源の地は北米ともアジアともいわれていますが、とりあえずサルが繁栄するようになったのは、始新世（約5500万年前）以降で、当時は地続きだった北米～アジア北東部～ヨーロッパの高緯度地域からたくさん化石が見つかります。始新世の後半になると地球全体の気温が下がってきたので、サルの分布域も少し低緯度に移動したようです。地球全体の気温はその後もどんどん下がっていって、約3500万年前頃に最低となったのですが、地球の気温が下がると高緯度地域の大陸、すなわち南極大陸の水

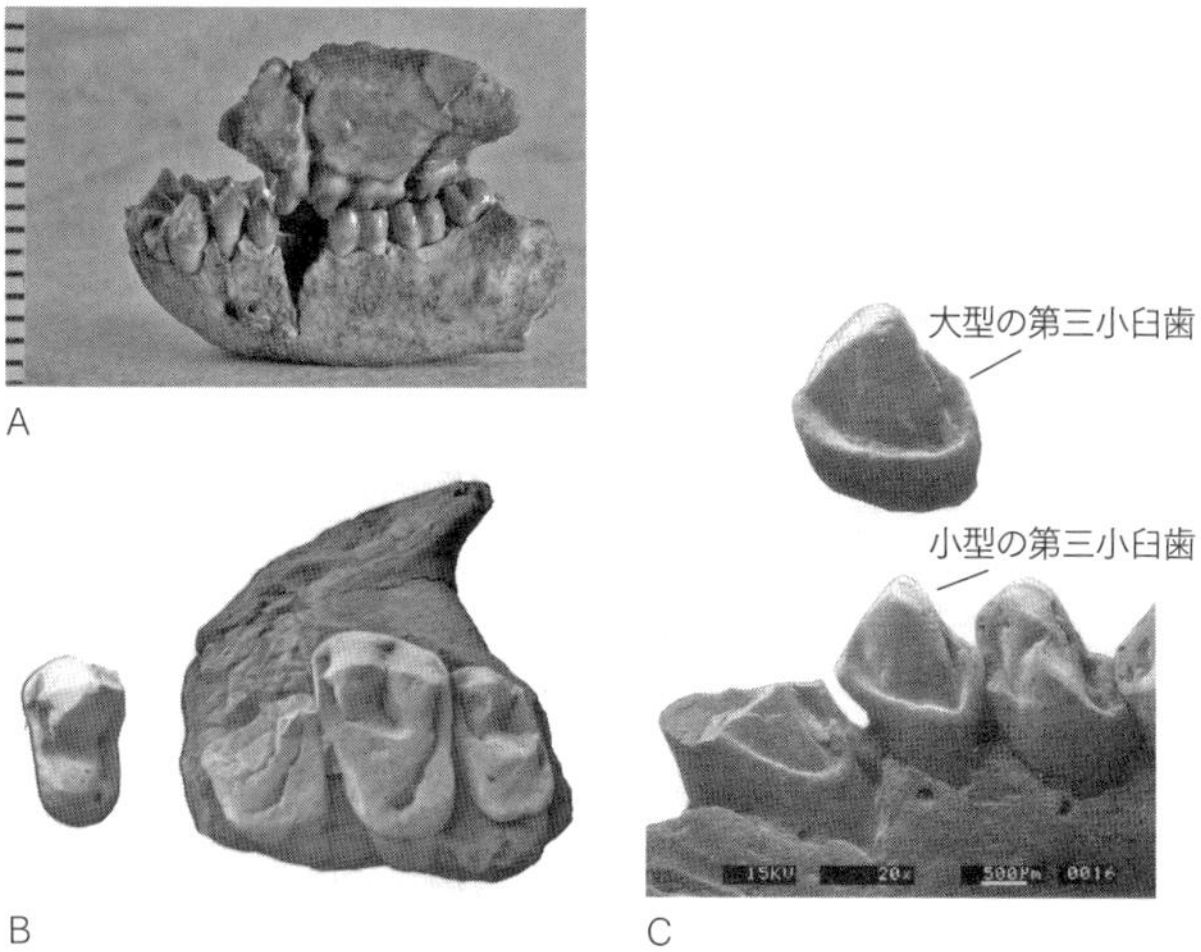

図 8　最古の広鼻猿類化石、ブラニセラ。（A）非常にめずらしい上顎骨と下顎骨の揃った標本。左側のスケールは 1 目盛が 1 mm なので、大体のサイズがわかります。（B）左上顎小臼歯と左上顎骨破片。見つかった状況から同一個体と考えられます。（C）ブラニセラの下顎標本の舌側（内側）面の画像。第三小臼歯には大型のものと小型のものがあり、性的二型と考えられます。おそらく単《たん》雄《ゆう》複《ふく》雌《し》群《ぐん》だったのでしょう（65 頁参照）。

分が凍って大陸氷河になります。すると地球全体の水が少なくなるので、海水面が下がります。約3000万年前の南米とアフリカは、一番近いところで500㎞しか離れていなかったと考えられています（古地理図❺）。これくらいの距離ならば、アフリカから南米に向かう海流があれば比較的短期間で大西洋を渡れることがわかったのです。

今の定説は

こういった状況のもと、最古の南米ザルの化石**ブラニセラ** *Branisella*（図8）とアフリカ大陸の北東部にあるエジプトのファユムという地域から見つかる約3500万年前のサルの化石がよく似ていることが明らかになり、いよいよ南米に棲息している広鼻猿類《こうびえんるい》のアフリカ起源説が信じられるようになりました。[8][9]

その後、サル以外に齧歯類《げっしるい》でもアフリカと南米の化石が類似していることが判明し、現在ではほぼすべての研究者が約3000万年前にアフリカから南米にサルが移動してきたのだと考えています。その手段はまだわからない事が多いのですが、島伝いに渡ってきたという説と、洪水で流されてきた流木でできた浮島のような物に乗ってきたのだとする説があります。当時の海流の方向や流速を復元すると、1週間もあれば当時の大西洋を渡ることができたようです。

しかし、本当にアフリカのサル達があの広い大西洋を渡って南米まで来たのでしょうか？「事実は小説より奇なり」といいますが、まさにその通りですね。

シベリアにサルがいたって本当ですか？

はい。今より温暖な頃に、バイカル湖の近くにいました。

大型のコロブス類の化石

シベリア南部、ロシアとモンゴルの国境に近い**バイカル湖**の南の中期～後期鮮新世（約250万年前）の二つの地点からコロブス亜科のサルの化石が見つかっています（巻末「分類表」と巻末「地図」①）。一つはモンゴル側のシャーマルという地点で、もう一つはロシア側のウドゥンガという地点です（**図9**）。どちらも見つかった化石の大臼歯《だいきゅうし》が典型的なコロブス類の二稜歯《にりょうし》型をしていて（次頁**図10**、100頁図13参照）、年代的にもそれほど違っていないので、**パラプレスビティス・エオハヌマン**と命名されました。プレスビティスは東南アジアに棲息する樹上性の小型のコロブス類（リーフモンキーのこと。樹

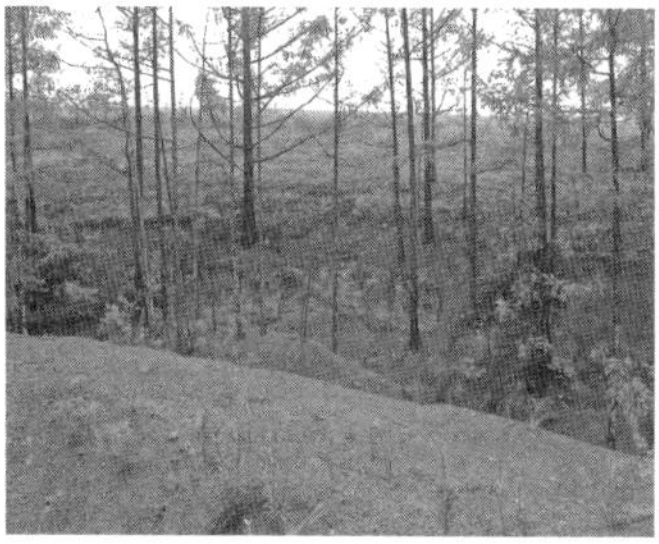

図9　冬は荒涼とした雪原（氷原？）になるそうです。日本の雪国で見られるような低い低木はほとんどないので、食物になるものはまったくないと言ってもよいでしょう。

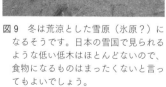

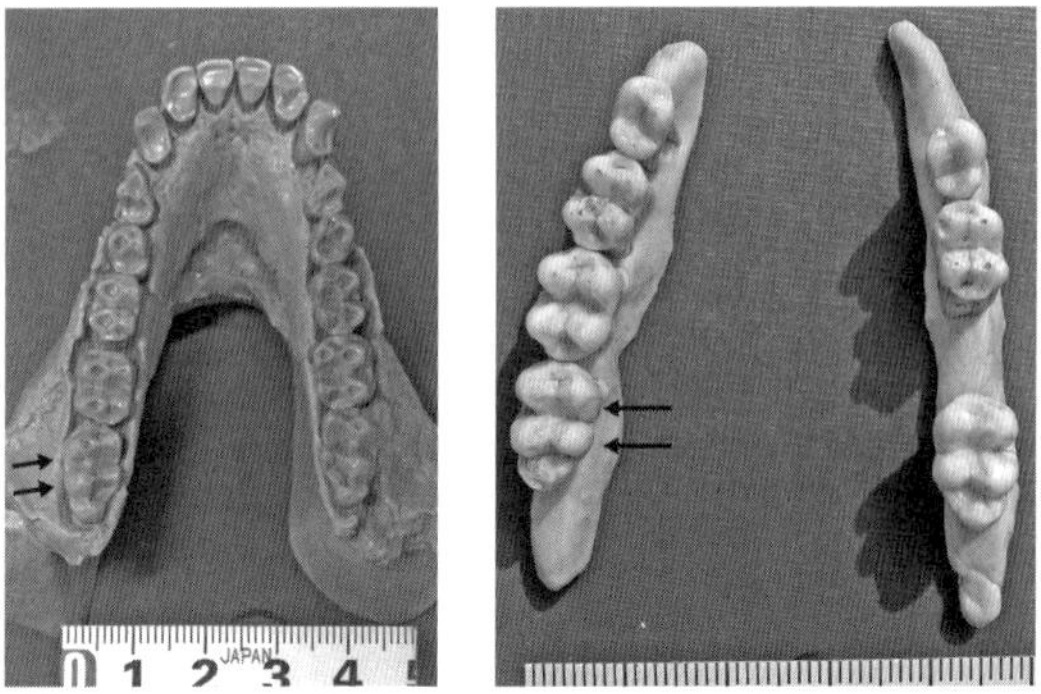

図 10（左） シャーマルで見つかったパラプレスビティスの下顎骨化石（模型）。コロブス亜科の特徴として、大臼歯は「二稜歯型」を示し、横行する稜線が前後に 2 本あります（矢印）。（右） ウドゥンガで見つかったパラプレスビティスの下顎の遊離歯化石。「二稜歯型」（矢印）が確認できます。

上で主に木の葉を食べることに由来する）の学名で、「パラ」は「もどき」の意味ですから、直訳すると「リーフモンキーもどき」というような意味になります。ハヌマンは現在インド周辺に棲息している地上性のコロブス類であるハヌマンラングールから取ったもので、「エオ」は祖先というような意味です。ハヌマンラングールの祖先とみなしたのでしょう。寒冷地帯のシベリアでサルのような熱帯〜温帯の樹林地域に棲息するサルの化石が見つかったニュースは1980年代、世界に衝撃を与えました。

「最北限」のサル

現生のサルの中で最も北に棲息しているのは、青森県下北半島のニホンザルです。俗に「北限のサル」と呼ばれ、雪の中で数頭が固まって寒さを凌いでいる姿は海外でも「スノーモンキー（雪猿）」として有名です。ニホンザルは系統的には葉食性のコロブス類の親戚にあたり（巻末「分類表」参照）、より雑食性の傾向が強いことがわかっています。下北半島や志賀高原などでも、食物がほとんどない冬季を、雪から出ている木の枝の皮や冬芽などを食べて乗り越えています。

しかし、現在のシベリアは下北半島よりももっと寒冷な気候で、バイカル湖東岸のウラン・ウデでは1月の平均気温はマイナス23℃にもなります。雪の量はそれほど多くはないようですが、大地は凍り付き、食物はほとんどありません。**パラプレスビティス**はどうやってシベリアの冬を乗り切っていたのでしょうか?

ウドゥンガでパラプレスビティスと一緒に見つかっている動物化石を解析したところ、**ヒッパリオン**(三本指のウマの祖先)、ハイラックス(岩狸《いわだぬき》とも呼ばれ、現在はアフリカだけに棲息する大きなネズミのような外見をした動物)の仲間、ガゼル(ウシ科)、ビーバーの仲間などが含まれていることがわかりました。当時のウドゥンガは今よりもかなり温暖で、多様な動物が棲息できるような環境だったようです。おそらく植物相も温帯地域のような種から成り立っていたのでしょう。サルがいたのも不思議ではないのですが、問題はなぜニホンザルのような雑食性のマカク類ではなく葉食性の傾向が強いコロブス類が棲息していたのかという点です。

近年の分子系統学的研究では、マカク類とコロブス類の系統が分かれたのは約1500万年前のアフリカ大陸と考えられています。その後、コロブス類が先にユーラシア大陸に進出し、少し遅れてマカク類が進出したようです。どちらも南アジアから東南アジアに拡散して現在のような分布域になったのですが、一方で、ヨーロッパにも棲息域を広げたことがわかっています。どうやらコロブス類がヨーロッパから比較的高緯度地域を東進して東アジアまで分布域を広げたのに対し、マカク類はアジア南部を東進して拡散したようです。二つのグループの進化史の違いが、シベリアのサル化石に現れているのかもしれません。

発展知識

頭骨と体肢骨

まず二者択一です

脊椎動物の骨や化石の研究を希望して大学院に入る学生が最初に聞かれるのが「**頭骨や歯**」と「**体肢骨**」のどちらを研究したいのかという質問です。これは動物の化石の残り方が、歯が残存した上下顎骨と体肢骨に分けられやすいことが理由です。第1章「化石とただの石は区別できますか?」で述べたように動物の体で最も化石として残りやすいのは歯と上下の顎骨です。特に哺乳類の歯はハ虫類などに比べると構造が複雑でさまざまな情報が得られるため、哺乳類化石の研究における主流となっています。上顎がその一部となっている頭骨は、脳函《のうかん》が空洞になっているので壊れやすいのですが、たまたま全体が残っていたりすると非常に情報量が多いので、こちらも貴重な化石として扱われます。

一方、頭骨と上下顎以外の部位はすべて「体肢骨」として扱われています。歯のように特定の部位が残るわけではないので、部位や動物種の同定は歯よりもずっと難しくなります。体肢骨を専門とする研究者は、たいてい頭骨以外の骨はすべて学んでおく必要があります。

もちろん一流の研究者は頭骨・歯・体肢骨のすべてを研究します。とはいえ、やはり知識の基本は自分が最初に取り組んだ骨の部位になるので、学生

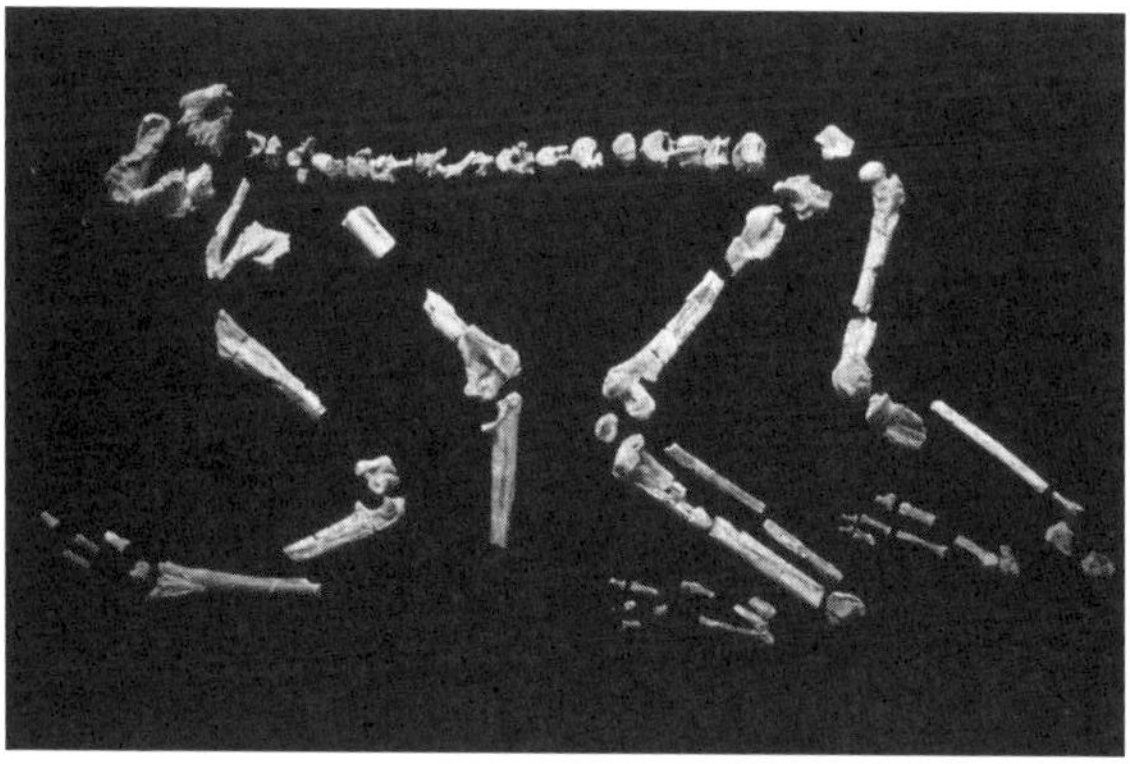

図11　ケニアのナチョラ地域で見つかった後期中新世のナチョラピテクス（ヒト上科）の全身骨格。あなたは、頭部と体肢骨のどちらを研究したいですか？

の興味に合わせて指導者を選ぶようにしているのです（図11）。

標本数が多いものを選びましょう

化石の研究に限らず、学生の研究テーマで大事なことは、サンプル数（標本数）の確保です。世の中に一つしかない貴重な化石を自分で研究できるならば素晴らしいことですが、そういった化石を学生が優先的に研究できるという状況は滅多にありません。ましてや海外で発掘調査をする際は、調査隊の中で競合しない化石を選ぶ必要があります。

では、発掘調査で実際に一番多く見つかる化石は頭骨・歯・顎・体肢骨のどれでしょうか？　これは意外と難しい質問なのですが、見つける化石の数でいえば体肢骨です。ただし、体肢骨は破片になっていてどこの骨かを同定することができないことが多く、現場で見かけても拾わないことが多々あります。したがって調査の成果として登録すること自体少なくなります。

実際に、ミャンマーでの調査で登録された標本を分類してみたところ、頭骨（角を含む）の破片が5・4％、歯または顎の破片が56・8％、体肢骨の破片が37・9％でした。体肢骨化石は同定ができないものが多いので、拾わなかったり登録しなかったりすることが多いのですが、それでも約4割を占めていました。やはり、研究対象とするのは体肢骨か歯・顎か、どちらかにするべきでしょう。ただし、偶蹄類《ぐうているい》のウシ科などを研究する場合は、角で分類することが多いので、気を付けてください。

皆さんがもし、古生物学者や古人類学者になろうと思っていたら、まず、体のどの骨が好きかを考えてみるのが良いかもしれません。特定の好きな動物種がいれば、その動物の骨や筋肉など、何でも勉強してみてください。あるいは、発掘調査自体が好きだったら、あなたが参加している調査において最も多く化石が見つかっている動物種で最も標本数が多い部位を研究することが、研究者への第一歩です。

新大陸のサルと旧大陸のサルはどこが違うんですか？

歯の数や耳の内部の骨が違います。

学名は鼻の孔の形の違いでつけている

南米〜中米の熱帯雨林に棲息しているサルは**広鼻猿類**という名前がついています。15世紀末に旧大陸のヨーロッパから来たコロンブスが「発見」したアメリカ大陸は、新大陸とか新世界と呼ばれていたので、そこに棲んでいるサル達は「新世界ザル」とも呼ばれています。広鼻猿類という名前は、彼らの左右の鼻の孔《あな》がアフリカ〜アジアの旧大陸に住んでいる**狭《きょう》鼻《び》猿類《えんるい》**（オナガザル上科とホミノイド上科）に比べるとやや左右に離れていることに由来します（巻末「分類表」参照）。

広鼻猿類と狭鼻猿類の違いは鼻の孔の位置だけではありません。広鼻猿類は小臼歯《しょうきゅうし》が3本ありますが、狭鼻猿類は2本しかありません（次頁図12）。進化の過程で一度失われた歯は復活しないといわれており、この点において狭鼻猿類は広鼻猿類より「**派生的**（より進化した）」です。また頭骨の複数の骨の位置関係や、耳の穴の中にある鼓骨《ここつ》（側頭骨の鼓室部の骨）の形も違います。広鼻猿類では鼓骨が輪状になって頭骨の耳の部分に取り込まれてい

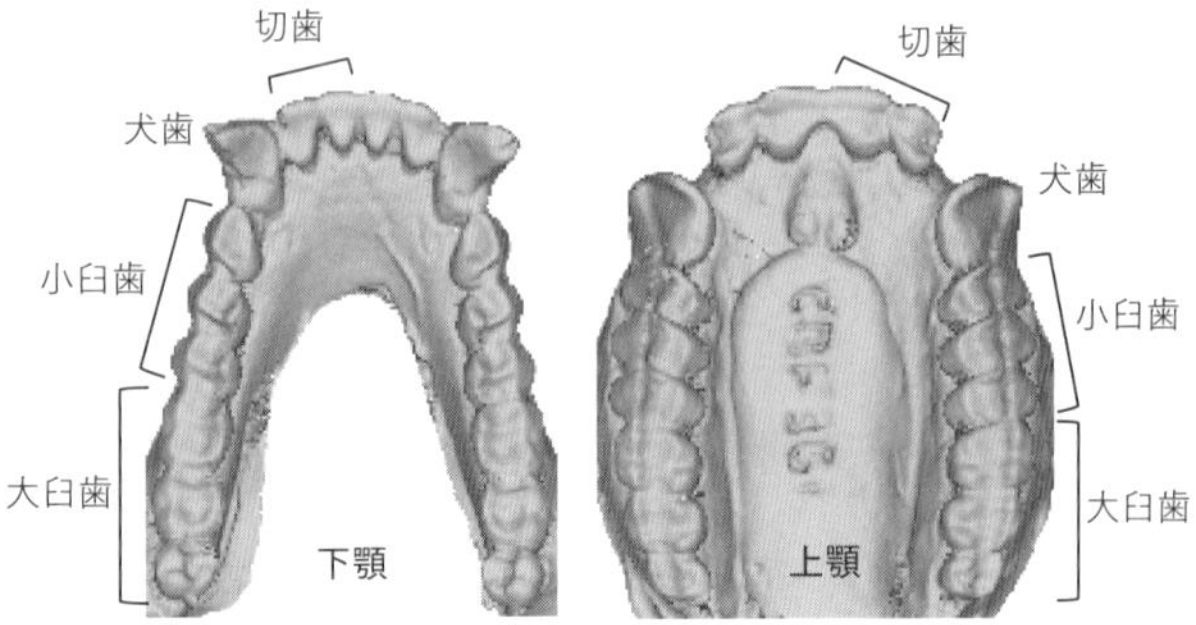

フサオマキザル（広鼻猿類オマキザル科）の例

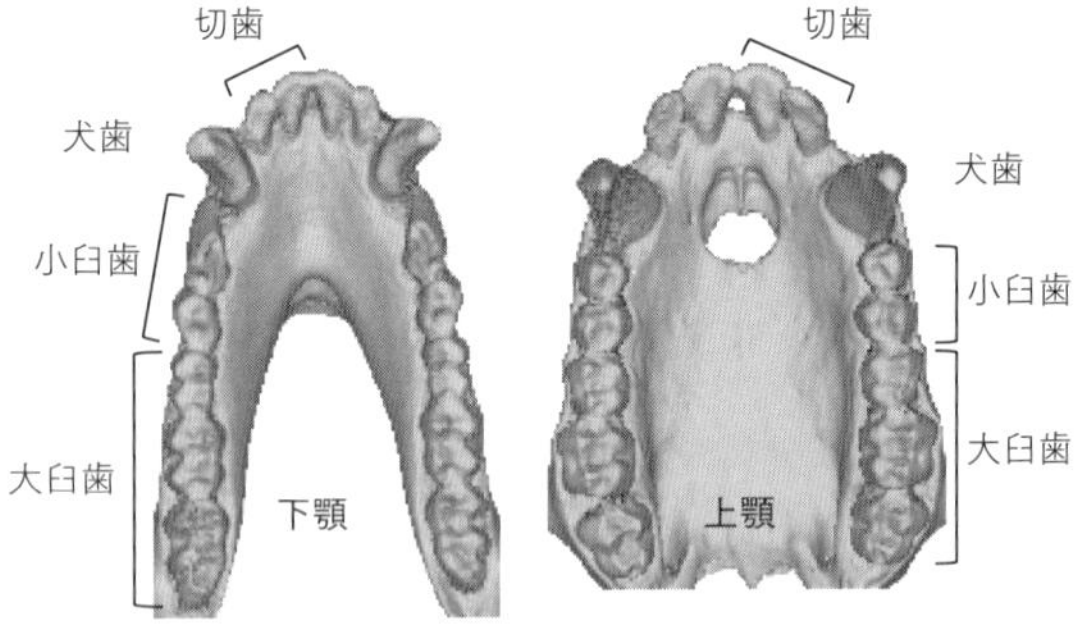

ベニガオザル（狭鼻猿類オナガザル上科、マカクザルの１種）の例

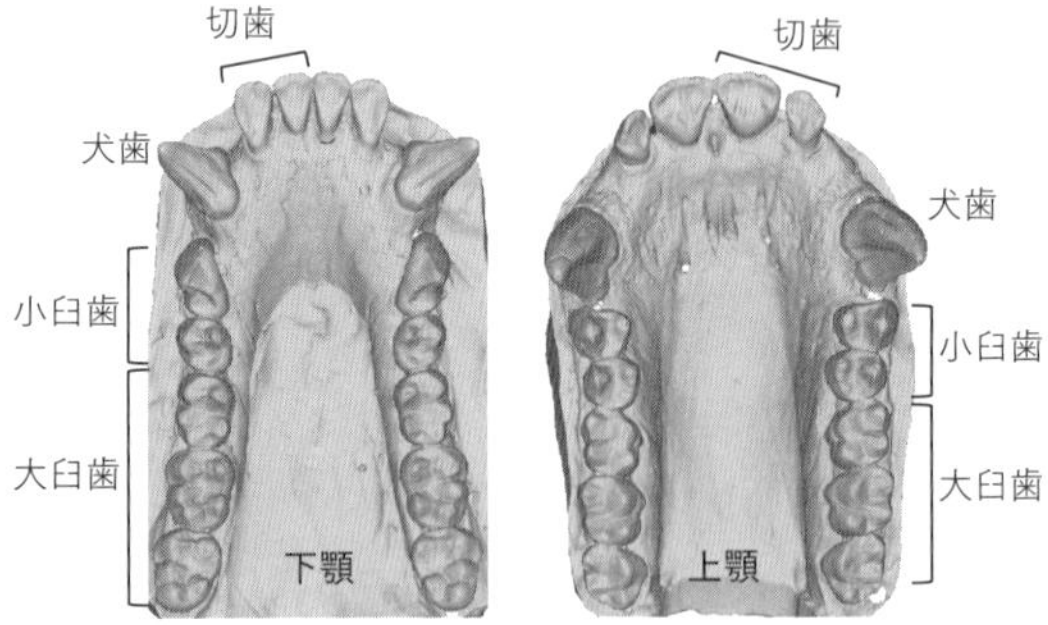

ゴリラ（狭鼻猿類ホミノイド上科）の例

図 12　広鼻猿類と狭鼻猿類の歯列弓

るのですが、狭鼻猿類では鼓骨が長く伸びて管状になり、頭骨の底部の下に付け加わったような形をしています。

現在、南米の熱帯雨林に棲息している広鼻猿類は、すべて樹上性で、長い尻尾を枝に巻き付けて移動や体勢の維持に使うサルがいます。また狭鼻猿類よりも嗅覚が発達していて、臭いによるコミュニケーションの頻度も高いとされています。こういった違いを見る限り、広鼻猿類は狭鼻猿類よりも原始的な特徴を保持しているようです。

旧大陸の狭鼻猿類（オナガザル上科とヒト上科）

最近の分子生物学的研究の結果、広鼻猿類と狭鼻猿類は約4500万年前にアフリカ大陸で分岐したと考えられています。[10] 第3章「南アメリカのサルはどこから来たの？」で解説したように、広鼻猿類の祖先はアフリカから南米に渡り繁栄しました。一方、旧大陸に残った狭鼻猿類は約3500万年前にオナガザル上科とヒト上科という二つの大きな系統に分かれて進化しました。最初はヒト上科の方が優勢で、中新世前半には旧大陸の広範囲に渡って分布を広げ、大いに**適応放散**（さまざまな環境に適応して複数の系統に分かれて進化すること）したようです。しかし漸新世の中頃からオナガザル上科が適応放散を始め、約1500万年前から現在のコロブス亜科とオナガザル亜科に分かれて進化しました。

最初に適応放散を始めたのはコロブス亜科と考えられています。アフリカで起源してユーラシア大陸に拡散していきました。オナガザル亜科も少し遅れて適応放散を始め、同じように後期中新世にア

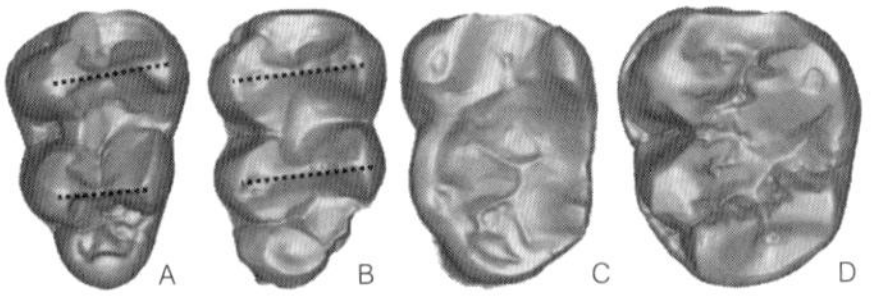

図13　狭鼻猿類と広鼻猿類の左下顎第三大臼歯の比較（咬合面観）。Ａ：キンシコウ（狭鼻猿類コロブス亜科）とＢ：マカク（狭鼻猿類オナガザル亜科）は2本の明瞭な稜線（点線で示してあります）がありますが（二稜歯型臼歯）、Ｃ：ホエザル（広鼻猿類クモザル科）とＤ：ゴリラ（狭鼻猿類ヒト上科）でははっきりした稜線がありません。上が近心（前方）、下が遠心（後方）。左が頬側（外側）、右が舌側（内側）。サイズは近遠心径で揃えています。

フリカからユーラシアへ拡散したと考えられています。コロブス亜科は葉食性への適応を示し、樹上性の種が多いのですが、オナガザル亜科では雑食性の種が多くなり、森林地帯から離れてほぼ完全な地上性の生活を送るようになったヒヒのようなグループもいます。コロブス亜科とオナガザル亜科に共通している特徴の一つが、大臼歯の歯冠部の形状です。上下顎のどちらの臼歯でも前後の二つの咬頭《こうとう》が稜《りょう》でそれぞれつながり、切り裂き型に適応した形をしています。これを**二稜歯型臼歯**（またはバイロフォドント）と呼びます（図13Ａ・Ｂ）。

一方、ヒト上科ではこの二稜歯型臼歯が形成されず、雑食に適応した低咬頭の歯が進化しました。咬頭間の稜もオナガザル亜科のように平行して走るのではなく、斜めに走る稜が残っています（図13Ｃ・Ｄ）。ヒト上科の進化については第4・5章で詳しく述べますが、頭骨の鼻面《はなづら》（吻《ふん》）が短くなり、脳頭蓋が大きくなるなど、オナガザル上科とは違った進化傾向が明らかに見て取れます。

大昔の日本にはどんなサルがいたの？

ニホンザル以外にもう1種類の化石が見つかっています。

カナガワピテクスの発見

現在、日本に棲息しているサルはニホンザルだけです。分類学的には狭《きょう》鼻《び》猿類《えんるい》の中のオナガザル科に含まれます。オナガザル科はオナガザル亜科とコロブス亜科に分かれるのですが、ニホンザルはオナガザル亜科に含まれています。一方、日本で見つかっている一番古いサルの化石は、神奈川県愛甲郡（巻末「地図」⑦）の中津層群という地層から見つかった約300万年前の頭骨で、「神奈川のサル」という意味の**カナガワピテクス** *Kanagawapithecus* と命名されました。ところが、このサルは現在日本に棲んでいるニホンザルと同じではなくコロブス亜科に含まれることがわかりました。[11] つまり、ニホンザルの祖先ではなかったのです。カナガワピテクスとニホンザルの違いは、頭骨の二つの眼窩《がんか》（眼の入る凹み）の間がニホンザルよりも広く、眼窩の上の「眉」のような部分（眼窩上隆起）が強く張り出していて、上から見るとV字状になっているところです（次頁図14）。歯の形もかなり違っていて、マカク類よりも咬頭《こうとう》の間の切れ込みが深くなっていま

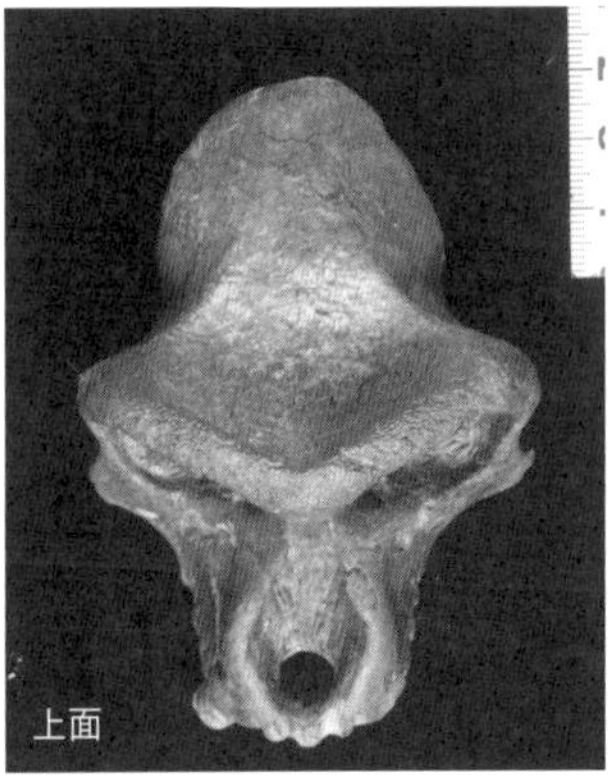

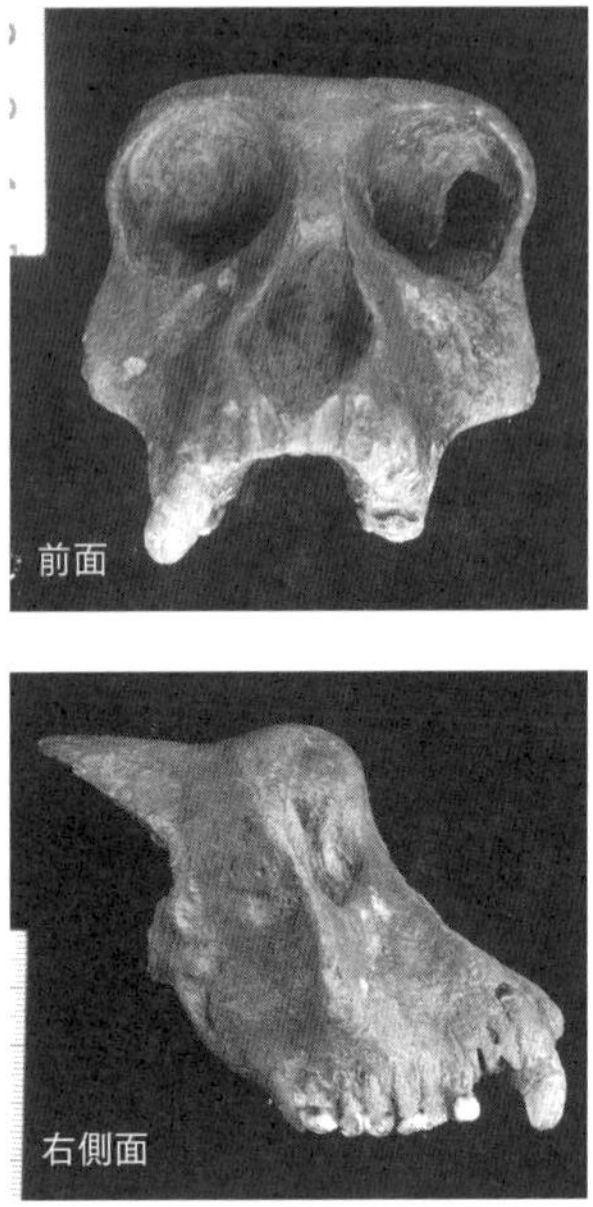

図 14　カナガワピテクスの頭骨化石。眼窩の上にV字状の張り出しが発達していて、二つの眼窩の間が幅広いのが特徴です。

す。ニホンザルとは親戚の関係にあるのですが、直接の祖先とは違うことがわかったのです。

頭骨の中の空洞

カナガワピテクスがニホンザルの祖先ではないということがわかってきたので、今度はX線CTを用いて頭骨の内部形態を解析してみました。[12] 実はわれわれヒトの頭骨では、鼻孔（鼻の穴）の横に大きな空洞（副鼻腔という）がありますが、ニホンザルを含むマカクザルではこの空洞がありません。他のサルではどうなのかというと、キツネザル類のような原始的なサルや、中南米に住む広鼻猿類《こうびえんるい》では存在しています。コロブス類ではどうかというと、アフリカに棲息する種では見られますが、アジアのコロブス類で

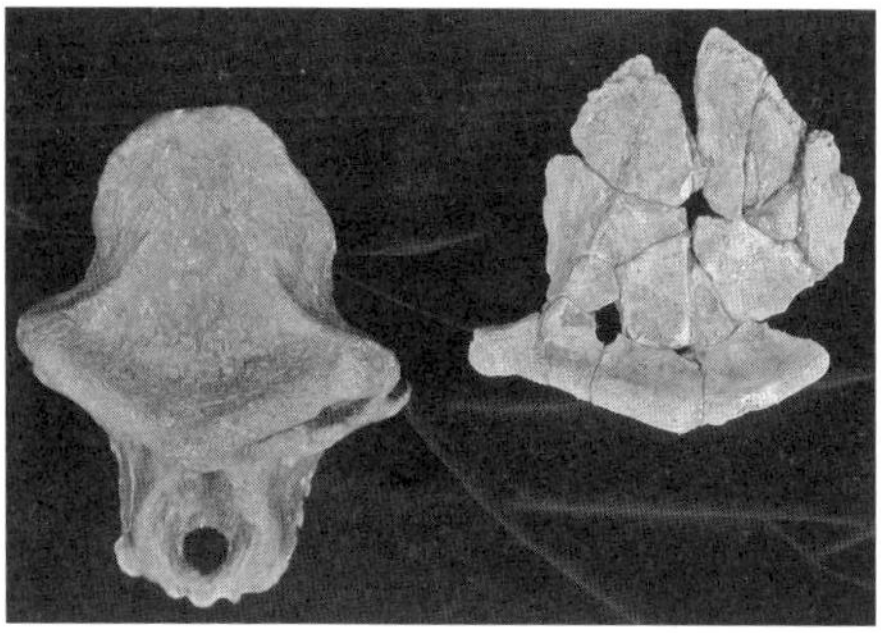

図16　日本のカナガワピテクス（左）とシベリアのパラプレスビティス（右）の頭骨を並べてみました。眼窩上隆起の形がよく似ていますね。大きさも同じくらいです。

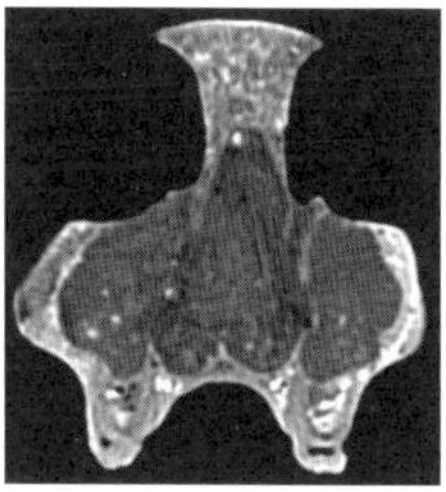

図15　カナガワピテクスの頭骨断面図。鼻孔の脇に空洞（副鼻腔という）があるのがわかりますね。

はあまり見られません。一方、カナガワピテクスには大きな空洞があることがわかりました（図15）。どうやらカナガワピテクスはアフリカのコロブス類に近いようです。日本で見つかった化石がニホンザルではなく、アフリカのサルに近いというのは、一体どう説明したらよいのでしょうか？

コロブス亜科とオナガザル亜科

第3章「シベリアにサルがいたって本当ですか？」でシベリアのパラプレスビティスの化石を紹介した際に、コロブス類とオナガザル類の進化史に違いがあることを説明しました。どちらもアフリカ大陸で出現して、ユーラシア大陸に広がったのですが、コロブス類の方が先に進出して東アジアまで到達したようです。当時の日本はまだユーラシア（アジア）大陸の一部だったので、その時に棲息していたサルがコロブス類だったのでしょう。しかし、その後環境変化で日本のコロブス類は絶滅してしまい、数十万年前にマカク類が新たに日本列島に侵入したのだと考えられます。

面白いことにカナガワピテクスはシベリアにいた**パラプレスビティス**と似たところがあり、系統的に近かった可能性もあります。また現在、中国の山地に生息しているキンシコウとも似ているところがあります（前頁図16）。これまでに見つかっている化石標本が断片的で、直接比較できる部分が少ないのでなんともいえないのですが、今後の発見次第ではカナガワピテクスだけでなく、アジアのコロブス類の進化史も解明できるかもしれません。

類人猿は何種類いるんですか?

30種程で、旧世界ザルは150種程とされます。

類人猿と旧世界ザルは「きょうだい」

現存している類人猿には、小型のテナガザル類が4属、大型類人猿が3属含まれます。近年では、従来亜属、亜種としてきた階級を属、種に格上げする動きが強いため、種の数え方は研究者によって異なりますが、テナガザルを20数種、大型類人猿を7種とする研究者が多いようです(私が学生の頃、テナガザルは1属、大型類人猿は4種と数えるのが一般的でした)。いずれにしても、150種程度とされている旧世界ザル(オナガザル科)に比べると、類人猿、ことに大型類人猿の種数は少ないですね。

類人猿は、霊長類の中でも私たちヒトに近縁なグループです。ですから、霊長類の進化をたどると、まず旧世界ザルが進化し、その後旧世界ザルから類人猿が進化したような気がしませんか? それは誤りです。旧世界ザルと類人猿の関係は(祖先―子孫の関係になる親子ではなく)同じ親から生まれたきょうだいというのが適切です(次頁図17)。あるいは「二卵性双生児」と言ってよいかもしれません。

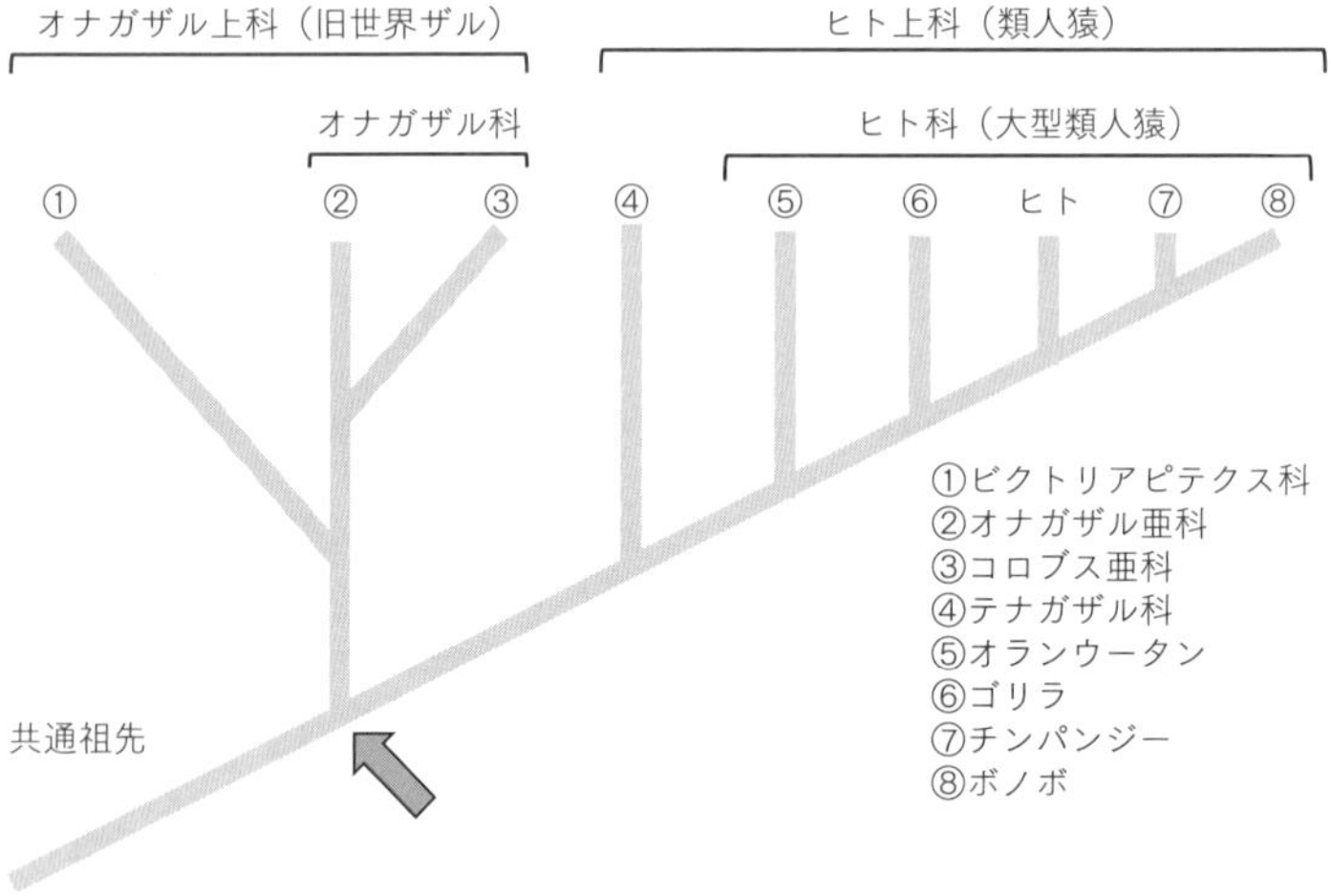

図 17　類人猿・ヒトと旧世界ザルの系統関係を表した図。矢印のところで、二つの系統が誕生しました。

類人猿と旧世界ザルは２５００万年前までに異なる系統に分かれました。化石類人猿は多くの種類が知られてます。特に、２０００万年前から１３００万年前まで、アフリカからは、10以上の属が見つかっています。一方、旧世界ザル（オナガザル上科）はこの期間４属しか知られていません。しかも、それらは**オナガザル科**ではなく、**ビクトリアピテクス科**という、絶滅したグループです。オナガザル科が化石記録に登場するのは１２００万年前で、種の数が明らかに増え始めるのは、６００万年前以降です。誕生の時期は同じものの、旧世界ザルの放散は、類人猿よりも随分遅れて始まったのです。

１６００万年前、大型類人猿の系統（**ヒト科**）はアフリカを出てユーラシア大陸に広がりました（テナガザルの祖先がアフリカを出た時期はわかっていません）。西はイベリア半島から東は中国南西部まで、化石大型類人猿は10数もの属が知られています。不思議なことに、旧世界ザルがユーラシアに広がったのは、類人猿よりもずっと遅く、800万年前が最古の記録（コロブス亜科）です。コロブス亜科は現在のトルコあたりを経て、オナガザル亜科はジブラルタルを経由してユーラシアに入ったようです。その後、どちらの亜科もアジアにまで分布域を広げました。

保守的な類人猿、革新的な旧世界ザル

類人猿と旧世界ザルを「二卵性双生児」に喩えましたが、この双子はまったく異なる成長（進化）を遂げました。自動車に喩えて話をするなら、類人猿の進化は老舗ブランドのモデルチェンジ、オナガザル科の誕生は、新しいコンセプトカー（超小型EV？）のようなものでしょうか。類人猿は森林に棲み、熟した果物のように食べやすいものを選んで食べ、体が大きく、成長に時間をかけ、長生きです。こうした特徴について、2000万年の長きにわたり大きなモデルチェンジをしていません。それに対し、旧世界ザルは、根本的に新しい生活様式に適応したのです。旧世界ザルは森林の辺縁部や**疎開林**（木がまばらに生えた林地）に棲息した祖先から進化しました。このような植生は乾燥化などの気候変化の影響を強く受けます。樹木の少ない環境では猛禽類などの捕食者に狙われやすいうえ、餌場の移動のために地上に降りることが必要です。その結果、旧世界ザルは、樹上運動に加え、地上を素早く走る能力を進化させました。また、季節的に果実が枯渇する環境で、種子や葉を利用する能力を高めました。小さな種子を効果的に押しつぶしたり、植物線維を効率よく細断したりする**二**《に》**稜歯**《りょうし》はその代表例です。また、種子や葉に含まれる有害物質（苦みや渋みの成分）への耐性、分解

能力も手に入れました。旧世界ザルは、あまり体を大きくしない一方、早く成長し、早く繁殖を始めます。一般に体が大きいほど成長期間は長くなるものですが、体格に違いのないテナガザルと比較しても、旧世界ザルの方が早く成長します。

こうした新しい「コンセプト」の進化は旧世界ザルの誕生期から始まりましたが、それが明確に現れたのはオナガザル科です。おそらく、この違いがビクトリアピテクス科の絶滅に関係したのでしょう。

類人猿の衰退

900万年前からアフリカでもユーラシアでも**乾燥化**が進みました。アフリカに比べ緯度が高いユーラシアでは、この影響をより強く受け、常緑森林が減少し落葉樹林や疎開林が広がりました。その結果、ヨーロッパでは700万年前、中国でも500万年前までにほとんどの類人猿が絶滅してしまいました。ただし、中国南部から東南アジアに至る森林には、テナガザルとオランウータンの祖先が生き残ったはずです。ヨーロッパの旧世界ザルも同様に絶滅しました。しかし、アジアの熱帯・亜熱帯地域では、旧世界ザルは繁栄を続け、今日でも多様なコロブス亜科とマカク属が棲息しています。

アフリカでも同様に森林が減少しました。ただし、赤道が大陸中央を走るアフリカでは、乾燥化の影響はユーラシアよりも小さかったはずです。しかし、この時期、アフリカには類人猿とオナガザル科が一緒に棲息していたのです。[13] 森林の減少はこれらのグループ間の**競争**をかきたてました。熟果に依存する類人猿に比べ、オナガザル科は熟していない果実も含め、より多様な食物を利用できます。食資源が一時的に悪化し個体数が減少しても、成長速度の速いオナガザル科はより早く増えることができ、資源の占有をすることができます。

こうした競争の結果、アフリカ類人猿の種類は減少し、二つの属と人類の系統だけが生き残ったのです。これらは、いずれも例外的な「メジャーチェンジ」をした系統です。超大型になったゴリラ、熱帯雨林からサバンナにまで棲息できるチンパンジー、そして二足歩行を始めた人類です。

600万年前頃からアフリカではオナガザル科が爆発的に多様化しました。類人猿と旧世界ザルの勢力の逆転がいつ起きたのかは、不連続な化石記録のため明確には答えられませんが、900万年から600万年前の間のどこかでしょう。こうしてみると旧世界ザルがいなかったら人類は誕生しなかったかもしれません。

史上最大のサルって何ですか？

中国で見つかっているギガントピテクスです。

オスゴリラより大きかった類人猿

中国南部の前期〜中期更新世（約200〜50万年前）の洞窟堆積物から見つかっているギガントピテクス *Gigantopithecus* は、体重が300kgを超えていた個体もいたと考えられています。この体重は現生のサルの体重と歯のサイズの相関関係を基に、上下の大臼歯の大きさから推定したものです。ギガントピテクスはこれまでに数千個の遊離歯（顎から外れてバラバラになった歯）化石と四つの下顎骨化石が見つかっているのですが、不思議なことに頭骨や体肢骨の化石がまったく見つかってないので、実ははっきりしたことはわかりません。体幹部に対する頭骨や歯のサイズは動物種によって異なっていて、体の大きさに対して「頭でっかち」な動物もいるので、歯だけでは体重（体サイズ）推定の精度は高くないのです。

薬として売られていた化石

そもそも、ギガントピテクスの化石が「発見」された経緯も謎めいています。インドネシアの原人化石の研究をしていたドイツの人類学者グスタフ・H・R・フォン・ケーニッヒスワルトが、1935年に当時イギリスの植民地であった香港の薬種問屋で薬として売られていた**龍骨**《りゅうこつ》(更新世の大型動物の化石)の中にものすごく大きな類人猿の歯が含まれていることに気が付きました。その歯の咬頭《こうとう》(歯の表面の尖った部分)はかなり低くて歯冠部が平坦であり、明らかにヒトあるいは類人猿のパターンを示していたのですが、そのサイズはヒトどころかオスのゴリラよりもずっと大きかったのです。「巨大なサル」を意味するギガントピテクスという学名を付けられたこの化石は、人類の進化に新たな謎をもたらしました。

図18　崇左にある石灰岩洞窟の外観。側面の暗くなった部分が洞窟の入口です。洞窟はいくつも存在しますが、現地の地形は何百万年もかけて次第に隆起したので、洞窟内の堆積物は上の方にある洞窟の方が年代が古いことになっています。

龍骨を売っていた薬屋の話では、これらの化石は中国南部の広西壮族自治区《こうせいチワンぞくじちく》の洞窟でたくさん見つかるということだったので、第2次世界大戦後に中国の調査隊が大規模な発掘調査を行い、大量のギガントピテクスの遊離歯化石と三つのほぼ完全な下顎骨を発見しました。しかし、そもそも洞窟堆積物の堆積構造は複雑で、さらに当時の調査方法も未熟だったため、化石の正確な産出状況は不明な点が多く、年代も特定できていませんでした。

近年、広西壮族自治区の崇左(中国語読みはチョンツォ)という地域(図18、巻末「地図」⑧)にある複数

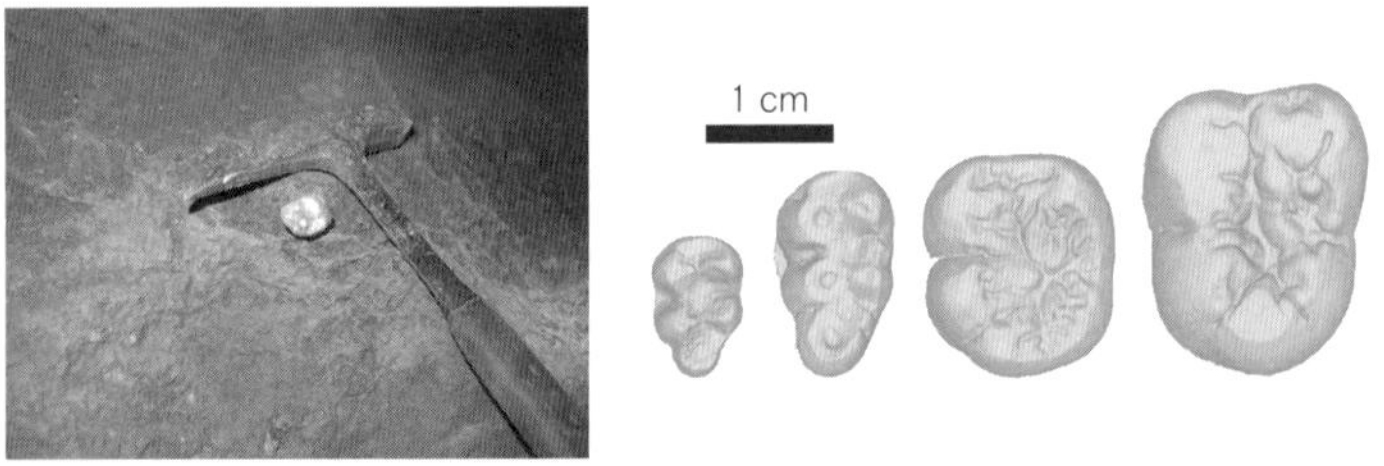

図19（左）　私が調査に参加した時も、洞窟の中でギガントピテクスの歯が見つかりました。かなり固い堆積物中に入っているので、壊さないように取り出すのが大変です。

（右）　崇左で見つかったサルの歯（左下顎第三大臼歯、親知らずのこと）の大きさを比較してみました。右からギガントピテクス、オランウータン、マカクザル、リーフモンキーです。オランウータンに比べると、ギガントピテクスの歯は二回りほど大きいことがわかります。またマカクにも大きな（絶滅）種が含まれていたようです。

の洞窟群の堆積物からギガントピテクスを含む大量の霊長類化石が見つかり、その棲息年代が具体的にわかってきました[14]（図19）。どうやらギガントピテクスは約220万年前までに出現し、最初はオランウータン、テナガザル、マカク類（ニホンザルなどの仲間）、コロブス類（樹上性のリーフモンキーの仲間）などと共存していたのですが、個体数は一番多かったようです。ところが中期更新世になると急速に衰退していき、約50万年前には完全に絶滅してしまったと考えられています。

その原因は今のところわかっていませんが、ギガントピテクスのような巨大な類人猿が棲息するためには大量の食物が必要だったので、彼らが主食としていた植物が気候や環境の変化でなくなってしまったためではないかと推測されています。当時の中国南部はサルの王国だったのですが、ギガントピテクスだけ消えてしまったようです。

第 4 章

ヒトの誕生

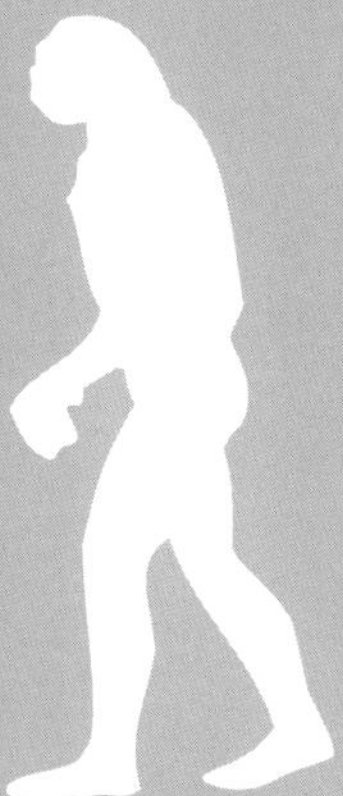

二足歩行する動物はヒトだけですか？

二足立ちする動物は他にもいますが、直立歩行はしません。

二足歩行は珍しくない

日常的に二足歩行する脊椎動物はたくさんいます。当たり前すぎて気が付きにくいのですが、鳥ですね。恐竜にも二足歩行をする種類が多くいました。１９８０年代、自動車のテレビＣＭに登場した「疾走するエリマキトカゲ」は衝撃的でした。哺乳類にもいます。カンガルーやトビネズミなどです。もっとも、それらの移動様式は歩行ではなく、両足が同時に地面を蹴る跳躍です。二足起立をする種類ならもっといます。ミーアカット（ミーアキャットとも呼びますが、ネコではなくマングースの仲間です）はよく知られていますね。他にも、レッサーパンダやアライグマも立ち上がります。あまり知られていませんが、あのセンザンコウも（全身を覆う鱗が特徴的）二足起立をします。

しかし、**直立二足歩行**を行う現生動物はヒトだけです。直立という意味は体が真っ直ぐに立つこと、つまり、脊柱と体を支える下肢（後肢）が垂直に

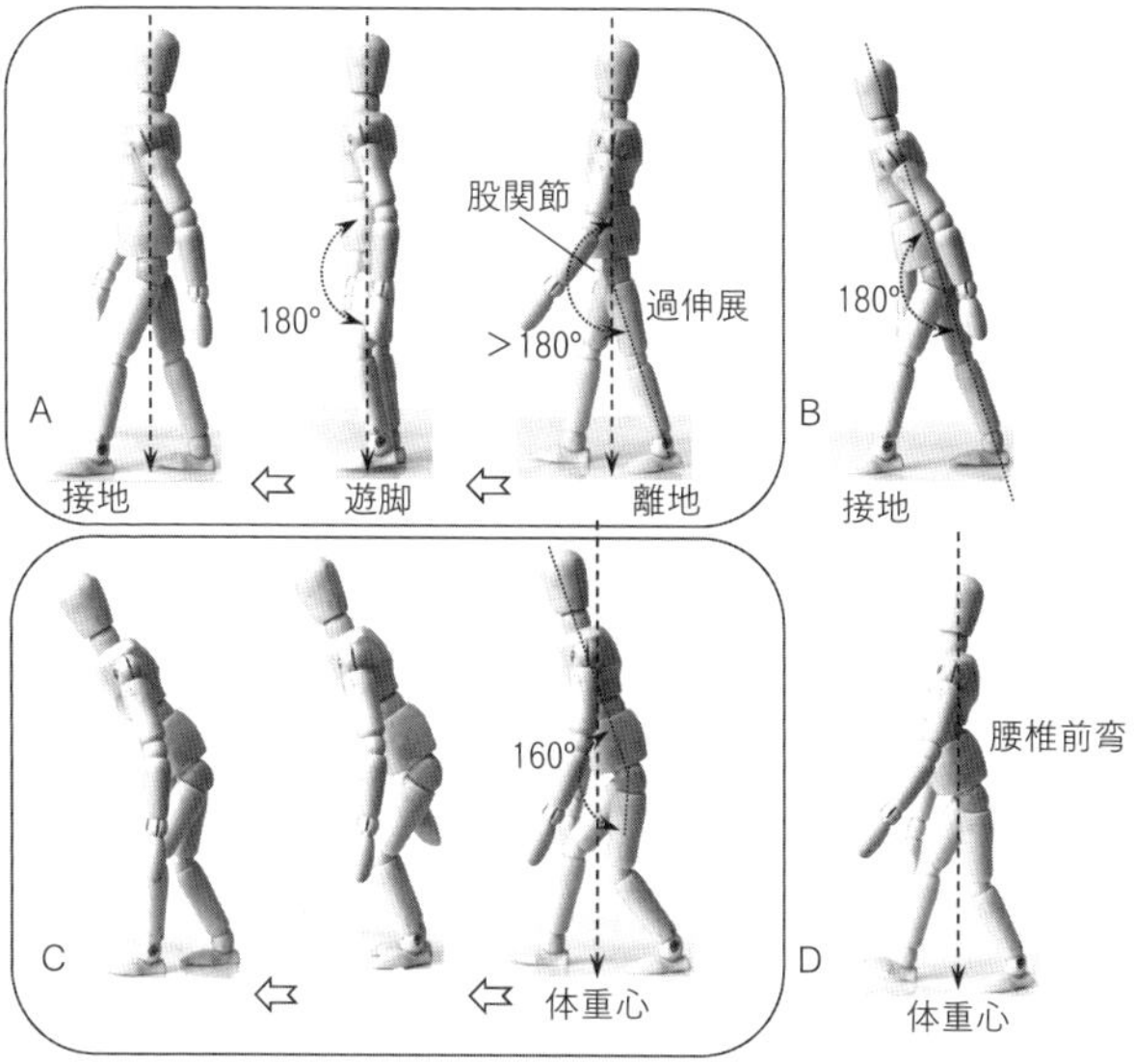

図1　二足歩行のモデル。(A) 通常のヒト、(B) 過伸展ができない仮想的な状態。(C) ヒト以外の霊長類、(D) 猿まわしのお猿。

なることです。ちなみに、ペンギンは直立しているように見えますが、腰の関節（股関節）は深く屈曲しています。そのため、直立している下肢は膝から下のみです。

直立二足歩行をする条件

直立二足歩行を行ううえで欠かせない機能は、**股関節の過伸展**です。やさしく言えば、垂直になった体軸（体重心はこの直線上にあります）よりも後ろにまで下肢を動かせる、ということです（図1A）。なぜ、それが必要かを考えてみましょう。歩行周期の途中、両足起立の瞬間では、前後に開いた足が体重を支えるので、体の重心線（点線矢印）は、2本の足の間にあります。後方の足の股関節は過伸展をしていますが、直後に地面を離れ、遊脚期に入ります。それと同期して前方の足の股関節が伸展を始め、全体重を支えます。伸展は180度に達し（直立）その後、過伸展を起こします。

過伸展ができなければ、片足直立の状態（以下、前頁図1A中央）から足を出せません。体の前方に足を接地させるには、図1Bのように体ごと前に倒れるしかありません。ぎこちないですね。すり足ならこの事態を防げますが、速くは歩けません。過伸展が欠かせない理由がわかったでしょうか。

現存するヒト以外の霊長類では、股関節も膝関節もせいぜい160度までしか伸ばせません。[1] この条件で、彼らが二足で歩く様子を見てみましょう（図1C）。後ろにある足の股関節は限界まで伸びきって、膝は深く曲がっています。前後の足の間に重心が来るように、上体は前傾しています。これが離地の瞬間です。その後も股関節と膝関節は完全に伸びることはありません。これが、多くの霊長類の二足歩行です。この姿勢で歩くのは辛いですが、試してみてください。

人類の祖先にとって、二足歩行があまりに負荷の大きな運動だったとしたら、進化が起こりにくかったはずです。二足歩行を本格的に始める前の人類の祖先は、股関節を180度近くまで伸ばすことができたのだと考えられます。どのような動作によってそうした関節が進化していたのでしょう。枝の上に二足起立し、後肢を完全に伸ばしながらさらに頭上の枝に手を伸ばす、そういった動作を頻繁に行っていたのかもしれません。残念ながら、その頃の様子を教えてくれる化石資料はまだ発見されていません。

サルは二足歩行が上手になるか？

野生チンパンジーの樹上運動を観察すると、観察時の1〜2％は二足歩行をしています。[2] ぶら下がった運動が10％程度なので、だいぶ少ないですね。もし、何かの理由で二足歩行をもっと頻繁に行ったとしたら、ヒト以外の霊長類はどれほど上手に二足歩行できるようになるのでしょうか。

日本の伝統芸能である猿まわしに注目し、これを実際に確かめた人がいます。葉山杉夫氏（元関西医科大学）は、お猿の姿勢や歩行の特徴が訓練によってどのように変化するかを調べるため、「周防《すおう》猿まわしの会」と共同研究を始めました。研究者がどれほど実験サルを訓練しても猿まわしのお猿ほど上手に歩かせることはできません。なにしろ、1時間でも二足歩行を続けられるほどです。そして葉山氏は、二足起立訓練によってお猿の脊柱にヒトと同じような**腰椎前弯**《ようついぜんわん》が発生していることを発見しました。腰椎前弯（腰椎前弯とは、腰の部分の脊柱が軽く前に反るようなカーブのことをいいます。）によって体重心の位置が股関節の近くに移動し、体を直立に近付けているのです（図1D）。私たちの実験では、猿まわしのお猿が二足歩行すると四足歩行に比べ2〜3割増しのエネルギーを消費することがわかりました。[3] この数字を大きいと思うかもしれませんが、お猿の下肢の動きや床に加える力の様子にはヒトに似た特徴が見られています。普通のニホンザルが二足歩行する際には、これよりもずっと多くのエネルギーを消費するはずです。

人類の直立二足歩行はなぜ始まったの？

食物を持って運んだため、という仮説が有力です。

直立二足歩行の利点

　直立二足歩行を可能にした基盤は、樹上生活を送っていた祖先の時代に進化したと考えられています（114頁参照）。しかし、二足歩行が生存に有利な適応となったのは地上活動が始まってからです。多くの学者が二足性が進化した理由を論じてきました。中でも、前肢を移動運動から自由にして他の目的に用いたとする意見は多くの支持を集めてきました。チャールズ・ダーウィンも著書『人間の由来』（1871年）でこれを取り上げています。この意見に沿った仮説は多様で、道具の製作、投擲《とうてき》、食物を得るための道具運搬、仲間と分配する食物の運搬、武器の運搬、自分の力で大人に抱きつけない乳児の運搬などがあります。前肢の解放以外にも、威嚇効果、警戒行動、直立姿勢での採食などの仮説もあります。こうした仮説のいずれか、あるいはいくつかが正しいのでしょうが、いずれについても決定的な証拠を示すことは不可能であり、厳しく言えば、可能性を論じているにすぎません。

　しかし、近年、少し変化が見られています。半地上・半樹上生活を送っていた初期人類**アルディピテクス・ラミドゥス**の犬歯と体格に見られる**性的二型**が弱いことから、この人類は一夫一妻型の繁殖様式をとっていたという主張がされています（性的二型と社会との関係については65頁参照）。これを受け、性による食物獲得行動の分化、すなわち地上で獲得した食物を配偶者（と子供）に持ち帰る男性の**食物供給**行動が二足性を進化させたとする仮説が注目されています。

家族の中に父親がいるのはヒトだけ？

「家族とは何か」と尋ねられると、わかりきったことだと思うでしょうね（逆に、考え込む人もいるかもしれませんが）。哺乳類では一般に、子供と父親のつながりは希薄です。なぜでしょうか。哺乳類の母親は妊娠の維持と授乳に大きなエネルギー投資をします。そのため授乳中は排卵が抑制され、子供が**離乳**するまで妊娠しません。雄は、性交し受精に成功しさえすれば、育児に関わる必要もなく別の雌を探しに行くこともできます。その方が、より多くの子供を残すことができるでしょう。極論すれば、雄にとって家族の価値は無いに等しいのです（哺乳類一般の話ですよ！）。

ヒトも哺乳類ですが家族をつくるという特徴があります。文化によって家族にはさまざまな形態がありますが、最も基本的な家族構造は、一人の女性と一人の男性、それらの子供を含む核家族です。家族の起源（父親の起源ともいえます）は、ヒトの進化における大きな謎です。

進化理論によれば、繁殖の成功につながらない特徴は進化しません。つまり、あちこちに子供を残そうとする男性よりも、一人の女性との間に子供を残そうとする男性の方が、結果的に子供の数を増やしたと考えられます。この謎を解く鍵の一つが食物供給行動だというわけです。

後期中新世には、森林が減少し、樹上だけで十分な食物を確保することは困難になりました。一方で、地上で活動すると捕食の危険が高まります。母親と乳幼児が、樹上を中心として比較的安全な範囲で食物を手に入れる一方、父親は、移動のエネルギーコストが低い地上で、より広い範囲から食物を集め、母親と乳幼児に持ち帰り（ここで前肢を自由にすることが必要になります）、食物分配をしたと仮定しましょう。そうした行動は、家族（群れ）全員で地上遊動をした場合に比べ、子供の死亡率を低下させることにつながるでしょう。乳児を連れた女性は移動速度が遅いため、一日の遊動範囲は狭かったはずです。男性のみで地上の広い範囲を遊動することで食物獲得量が増え、手に入る食物の種類も増加したかもしれません。食物分配は食料条件を改善する機会をもたらします。授乳中の母親は、自分自身に加え、乳児のためにも栄養を必要とします。ヒトの母親は、消費エネルギーのうち最大30％も授乳に費やします。食物分配の結果、母親の栄養状態が向上すれば、授乳量の増加によって乳児の成長が早まり、早期の離乳を可能にしたかもしれません。離乳が早まれば、次の子供が生まれるまでの期間が短くなります。そうすれば、一人の女性から生涯に産まれる子供の数が増えます。特定の女性との結び付きに惹かれるという特徴(性格)が遺伝的に決められていた場合、繁殖の成功によって、その遺伝子をもつ男性の割合は、世代を超えるにつれて集団内に広がっていったでしょう。

男性側からの説明をしましたが、女性側の選択も重要です。他の男性とケンカになることをいとわず、多くの女性と性交渉の機会をもとうとするような、攻撃性の高い男性を避け、自分と子供にだけマメに食物供給してくれる攻撃性の低い男性を選んで性交渉をもつような行動が女性の側に現れなければ、こうした進化は進みません。雄の長い犬歯や大きな体は、攻撃によって性交渉の機会を増やす場合には有利に働き、より発達する方向に進化します。しかし、攻撃性の低い雄が選ばれる場合では不利に働くため、それらは小さくなる方向に進化します。そうして、初期人類で犬歯や体格の性的二型が減少したのでしょう。

「浮気者」を増やさないために

男性による家族への食物供給が進化するために、欠かせない条件があります。それは「父親」が食物をもらう子供の血のつながった父親であることです。なぜなら、もしその子供が浮気性の他の男性の血をひくのなら、特定の女性との結び付きに惹かれる性質の遺伝的基盤をもっていないため、その子が生き残ったとしても食物供給行動を行う男性の数は増えないからです。どこの世界にも抜け駆けを試みる人はいますが、どのような状況でこの条件は満たされるでしょう。考えてみてください。

それは、性交してもなかなか妊娠に至らなくなることです。「繁殖の成功が進化を促す」という理屈からすれば、逆説的に聞こえるかもしれません。しかし、ある女性が少しぐらいの「婚外」性交で妊娠しなければ、その女性の子供は普段一緒に寝起きして食物供給をしてくれる「父親」の子供である確率がぐんと高くなると思いませんか。

これには女性が受精・着床を成功させにくくする機構の他に、いつ排卵するかを示す発情徴候を失うこと（**排卵隠蔽**）があります。なぜなら、浮気性で他の男性とのケンカをいとわない男性が、複数の女性のうちから受精する確率が高い（発情している）女性を選んで性交渉をもつことができなくなるためです。こうした状況下では、多くの女性と性交しようとする男性の繁殖行動は成功しません。

土踏まずがあるのはヒトだけですか？

はい。400万年前からある人類の特徴です。

土踏まずの大切さ

ハンテン Hang Ten という衣料品メーカーのロゴを見たことがあるでしょうか。サーフウェア製造から始まった由来があるため、裸足の足跡がデザインになっています（図2）。ヒトの足跡はデフォルメされていても容易に認識できます。足跡らしく見せる重要な特徴は、母指（母趾とも）の大きな指球と**土踏まず**です。4500種を超える哺乳類が現存していますが、土踏まずをもつ種類は、ヒトの他に存在しません。

ヒトの足の骨格は、横から見ると踵《かかと》と足指の付け根の間で骨が**アーチ**上に浮き上がった弓なり構造をしています（図3）。このアーチは、足の外側よりも内側（＝母指側）が高いため、足裏にある筋肉などが骨の間を埋めても、内側では

図2　Hang Ten 社のロゴ

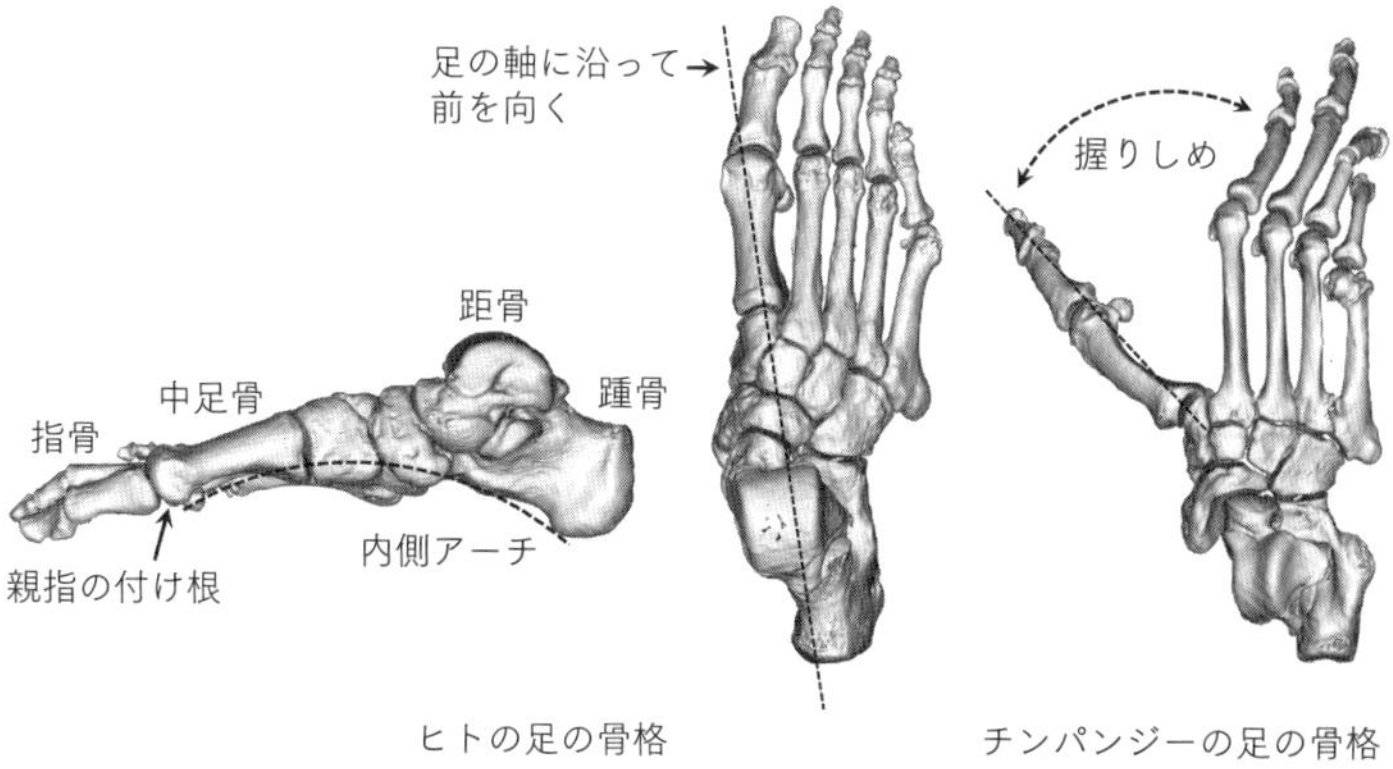

図3　ヒトの足の骨格の内側のアーチを点線で示しています。CTで撮影したデータから構築しました（森本直記提供）。チンパンジーとの親指の骨格の違いに注目してください。

足裏が地面に触れません。大地を踏みしめないので、「土踏まず」と呼ばれます。英語では「足のアーチ」という素っ気ない呼び方しかありません。

土踏まずの働きは、二つあります。一つは、足の裏側にある柔らかい組織（筋肉、腱、血管、神経）が、足の骨と地面に挟まれ損傷するのを防ぐこと、もう一つはアーチ構造が板バネのように振る舞い、足裏に加えられた力を一時的に蓄えることです。

1日1万歩以上歩くことを心がけている人もいると思います。体重を超える負荷が毎日何千回も左右の足裏に交互に加わるのですから（走る時の負荷は体重の数倍を超えます）、足裏の組織の損傷を防ぐ重要性はわかると思います。

アーチは高さが低くなることで足裏に加わった衝撃を吸収し、足が地面を離れる（蹴り出す）時にその力を放出し、歩行効率を向上させます。足のアーチが変形しないような工夫を施した走行実験では、消費エネルギーが6％増加しました。[4]

土踏まずはどのようにつくられているのか

ヒトの足にしか見られないこの特徴が、どのようにつくられているかを詳しく見てみましょう。ヒトと類人猿の間で、足の骨の種類には違いはありません（前頁図3）。足首にある骨は距骨《きょこつ》といいます。この骨が内くるぶしと外くるぶしの間に納まり、上向き・下向きに運動します（横にねじれると、ねんざを起こします）。距骨の下には踵骨《しょうこつ》がつながって（関節して、と表現します）います。足の骨の中で最も大きく、踵をつくる骨です。これら二つの骨の前方には、五つの短い骨が関節し、さらにその前方に5本の中足骨が関節します。それぞれの中足骨は、1本ずつ指を支えます。プールサイドを裸足で歩く動作を思い出してください。踵が最初に接地し、蹴り出す時は、指の付け根が90°近くまで曲がります（解剖学的にいえば、「伸びる」のですが、わかりやすく書きました）。つまり、蹴り出しは中足骨の先端と指骨で行っています。

ヒト以外の霊長類では、踵骨から中足骨の先端までの骨が平面的にべったりと接地します。しかし、ヒトでは踵と中足骨の先端との間が浮き上がります。これを可能にする重要な構造は、足の軸に沿って前を向いた母指の中足骨です。ヒト以外の現存する霊長類では、母指が足の主軸から大きく離れ、他の指との間で**握りしめ**ができます。ヒトはこの能力を失いました。踵骨から第1中足骨まで連なる骨格は高いアーチをつくり、それらの骨の間にある関節は可動性を失っています。さらにアーチを支えるため、丈夫な靱帯《じんたい》と腱膜《けんまく》が骨同士を足底でつないでいます。

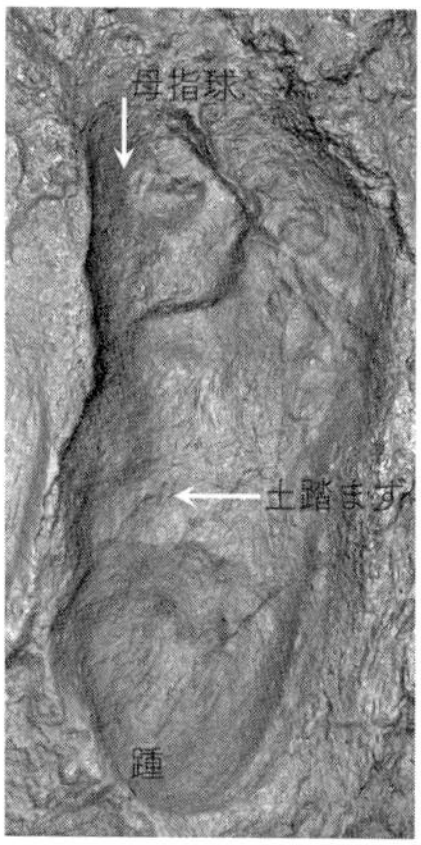

図4　ラエトリで発掘されたアファレンシス猿人の足跡化石の一つ。図2と対応するように反転させ右足として示しています。

足跡も化石になる

現在知られている最も初期の猿人に**アルディピテクス属**がいます（157頁参照）。足の母指列の関節特徴から、足で握りしめができたことがわかっています。[5] 骨盤の構造は、地上で二足歩行を行っていたことを示しているのですが、木の上で行動する時間も長かったのでしょう。母指の軸が足の軸と揃っていないため、土踏まずはありません。

タンザニア、ラエトリにある370万年前の地層から、二足歩行で歩く動物の足跡化石が発見されています。[6] ラエトリでは、**アウストラロピテクス・アファレンシス**の化石が見つかっていることから、この猿人が歩いたのだと考えられています。足跡からは、前を向いた大きな母指と土踏まずの痕が読み取れます（図4）。最も古いアウストラロピテクス属は420万年前から知られているのですが、おそらく、アルディピテクスからアウストラロピテクスが進化する間で、地上利用の程度が大きく変わり、土踏まずが進化したのでしょう。なお、ラエトリの次に古い足跡化石（150万年前）はケニア北部のイレレットから発見されています。[7] これは、**ホモ・エレクトゥス**の足跡だと考えられており、アファレンシスよりも高いアーチが認められます。

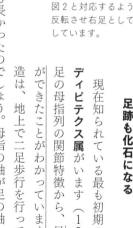

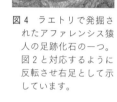

発展知識

X線CTによる形態学の革命

CTとはどのような装置か

X線**CTスキャナー**が病院で使われることは知っていますね。体の内部をX線で透視する装置で、1970年代に商品化されました。CTはComputed Tomography（コンピュータ**断層撮影**）の略語です。断層、すなわち切断した断面を見るということです。CTスキャナーは医療用に開発されましたが、今日では、さまざまな産業、研究分野で用いられています。古人類学で最初に用いられたのは1980年代の中頃で[8][9]、現在では、標準的な研究手法になっています。

CTスキャナーの原理を説明しましょう。画質の粗い写真を想像してください。例えば、5㎝四方の正方形を埋めつくすように0・1㎜刻みで点を打つとします。点の色に白黒濃淡の違いをつけると、白黒写真のような絵が描けますね。これと同じように、検査対象を横切る平面に512×512列のマス目があると考えてください。それぞれのマス目にどれほどX線を吸収するかの値を（白から黒までの256階調として）与えてやると、断面の画像が描けます。

総計26万個もあるマス目の値はどのように決定するのでしょうか。X線の線源からX線ビームを検査対象に向かって投射し、反対側に並んだ沢山の小

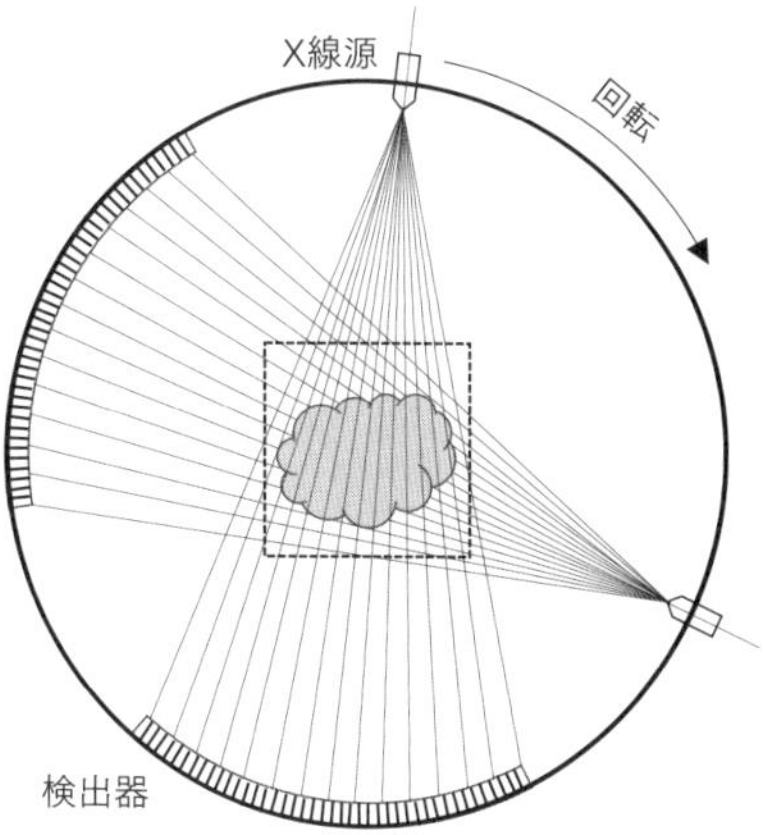

図5 CTの撮像原理の説明。X線源とX線検出器のユニットを計測対象の回りで小刻みに回転させながら、X線ビームを照射します。

さな検出器でそれぞれのビームの強度を計測します（図5）。それによって、線源と検出器の間に挟まれたマス目が吸収したX線量の合計が得られます。線源の位置を少しずつ回転させながらこれを繰り返すと、さまざまなマス目の組合せがもつX線吸収量が得られます。この結果から複雑な計算をして、26万個の解を得るのです。こうして1枚の断面の画像が計算できます。撮影する断面の位置を少しずつ動かしながら連続的に断層撮影を繰り返し、断面を重ねてやると立体構造を構築することができます。

CTは形の計測が得意

壊さずに物体内部を観察するというCTスキャナーの特徴は、標本を大切にする化石研究にとって非常に好都合です。歯のエナメル質や骨の厚さ、頭蓋骨の中の複雑な構造は、従来、自然に壊れた標本でしか観察できませんでした。X線写真を用いた研究もありましたが、境界が不鮮明になるという欠点があります（次頁図6）。骨の内部にあり複雑な形をした内耳の形態研究はCTスキャナーが利用できなければ不可能でした。

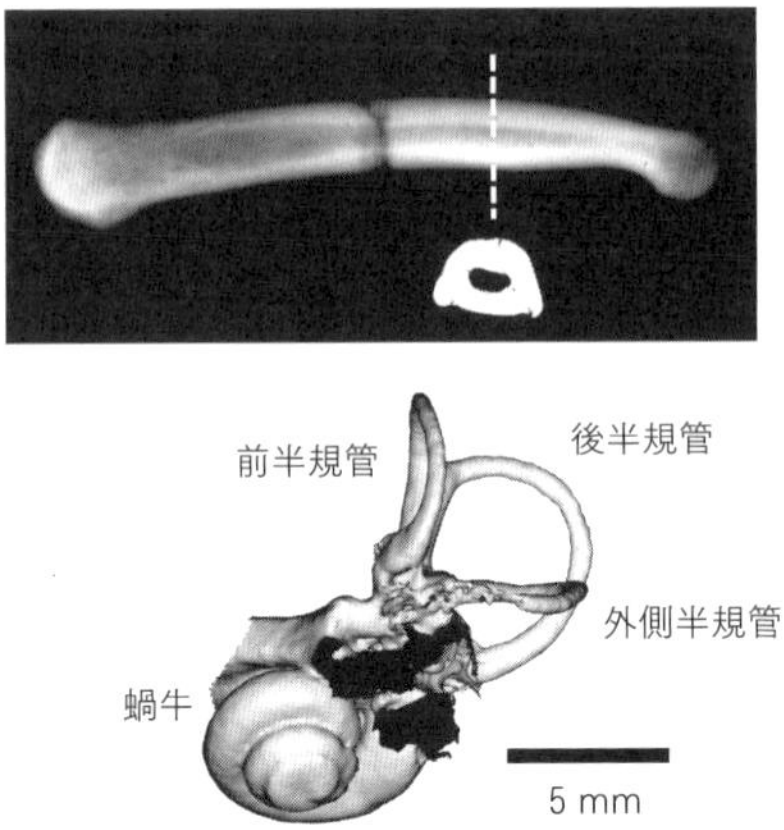

図6　CTを化石研究に用いた例。（上）化石指骨の側面X線写真とCT像（破線部の断面）の比較です。X線写真ではぼやける内部構造をCTでははっきりと見ることができます。（下）頭骨の破片化石から仮想的に取り出した類人猿の内耳です。（森本直記提供）

CTスキャナーは、化石に限らず、アルコールなどで保存した解剖学標本の研究でも活用されています。解剖してしまうと、その標本の資料価値は損なわれます（しかし解剖しなければ、研究できなかったのです）。同一標本を使うことができないという点では、研究の再現性に難があります。成長途中の骨格は軟骨の部分を多く含むため、取り出してしまうと計測できません。CTスキャナーはそうした問題も解決しました。

また、化石に付着している、あるいは化石を封じ込めている母岩《ぼがん》を残したまま、化石の観察が可能になる場合もあります。化石についている母岩などは歯科用ドリルを用いて手作業で取り除くのですが、小さく壊れやすい化石やもろい化石ではこの作業は困難です。しかし、鮮明なCT画像が得られたら、コンピュータの中で仮想的に化石の処理ができます。「三次元プリンター」で処理後の化石の立体模型をつくることもできます。

しかし、化石から必ずしも鮮明なCT画像が得られるわけではありません。化石が極度に鉱物化していると、X線ビームが散乱してしまいます。その場合、内部の画像は得られません。医用CTスキャナーは患者の被ばく量を考慮するという制約がありますが、工業用CTでは高エネルギーのX線を用いるものもあります。また、大型放射光施設SPring-8にあるようなシンクロトロン（粒子加速装置）でつくられる放射光を用いると、非常に鮮明な像が得られます。しかし、材料がもつX線吸収量の違いを画像化するという原理上、吸収量が部位ごと（例えば、歯のエナメル質と象牙質）に明確に分かれていなければ、どのようなビームを用いても、資料の内部を可視化することはできません。

三次元計測装置

内部構造観察に目をとられますが、CTスキャナーのもう一つの利点は、複雑な形状の標本の計測に使えることです。生物の構造は複雑であるため、手作業で行う伝統的な計測方法（長さや角度を測る）では、定量化できる程度が限られました。そこで写真撮影をして面積などを計測すること（二次元計測）も補助的に行われました。90年代以降、レーザー光を使った形状計測装置が一般化しましたが、こうした装置でも、オーバーハングによって隠される部分の計測はできませんでした。しかし、CTはこうした問題も解決しました。

それに加え、連続CT画像から三次元構造を再構築するソフトウェアの開発、普及が進みました。当初は医用CTの操作システムに組み込まれたソフトウェアしかありませんでした。その後、独立したソフトウェアも開発されましたが、特殊な性能をもった高額な計算機でしか動きませんでした。現在では、やや計算能力が高い普通のパソコンで動作します。複雑な処理をしないのであれば、無料ダウンロードできるソフトウェアまであります。

形がもつ情報を計算機に取り込むことが容易になったため、三次元構造を解析するためのソフト

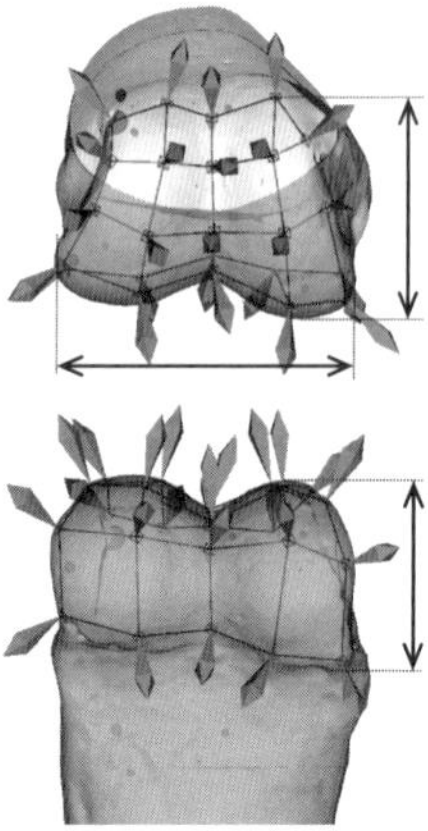

図7 従来の計測・分析の方法（上）と三次元幾何学的形態計測（下）の比較。同じ標本を2方向から見た図です。

ウェアも開発されました。骨の形を定量分析するために、従来は（今でも行われます）ノギスで測ることができる長さ、幅などの寸法を用いていました（図7の矢印）。この方法でも、全体の形を把握することはできますが、局所的な膨らみや窪みの程度を評価することはできません。そこで、計算機に取り込んだ骨の三次元モデルの上に、標識点を多数取り、骨の形をより詳しく解析する方法が普及しました。こうした解析を一般に「三次元幾何学的形態計測」と呼びます（131頁参照）。初期に公開され普及した代表的なソフトウェアにはMorphologika《モルフォロジカ》があります。[10]

なお、CTスキャナーは三次元計測装置としての性質を利用して、破損、変形している化石の仮想的な修復にも用いられています。これについては、発展知識「復元の科学」で紹介します。

発展知識

新時代の形態解析

形だけを解析する手法

「幾何学的形態解析法」は英語の Geometric Morphometrics を日本語に翻訳した用語です。従来の古典的な形態学では、縦・横・高さといった計測の他に解剖学的に相同な計測点（共通の祖先に由来する特徴的な部位のこと。標識点、ランドマークともいう）を複数設定し、その計測値を標本間で比較して解析をしていました。しかしこの手法では標本のサイズのデータが大きな影響力をもつので、サイズと相関した規則的な形態変化（アロメトリーといいます）の影響を排除できませんでした。そこでサイズ情報を排除した形だけで解析することはできないかということで発展してきました。

この解析法では、近縁な分類群間の形状変異を解析するために、解剖学的に相同なランドマークを複数設定して座標データとして計測し、その三次元配置のデータから「大きさ」の成分を排除し「形状」成分だけに注目します。プロクラステス解析という手法を使って標識点を回転・移動・拡大縮小し、各相同標識点間の距離を最小化し、重心サイズを算出します。取得した座標を用いて主成分分析を行い、形状変異を抽出して結果を視覚的に示すことで、どの部分がどのように変形したかが直感的にわかります。高性能のコンピュータが普及した現在では、形態測定学の主流となっています。

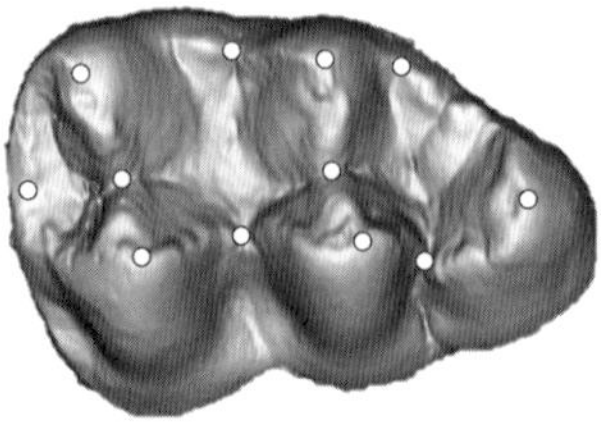

図 8　マカクザルの左下顎第三大臼歯の歯冠部の咬頭《こうとう》（尖った部分）や鞍部《あんぶ》（稜線上の最も低い点）などの 12 個の特徴的な三次元座標点（○）をランドマークとして設定しました。上が舌側（内側）、左が近心（前方）。

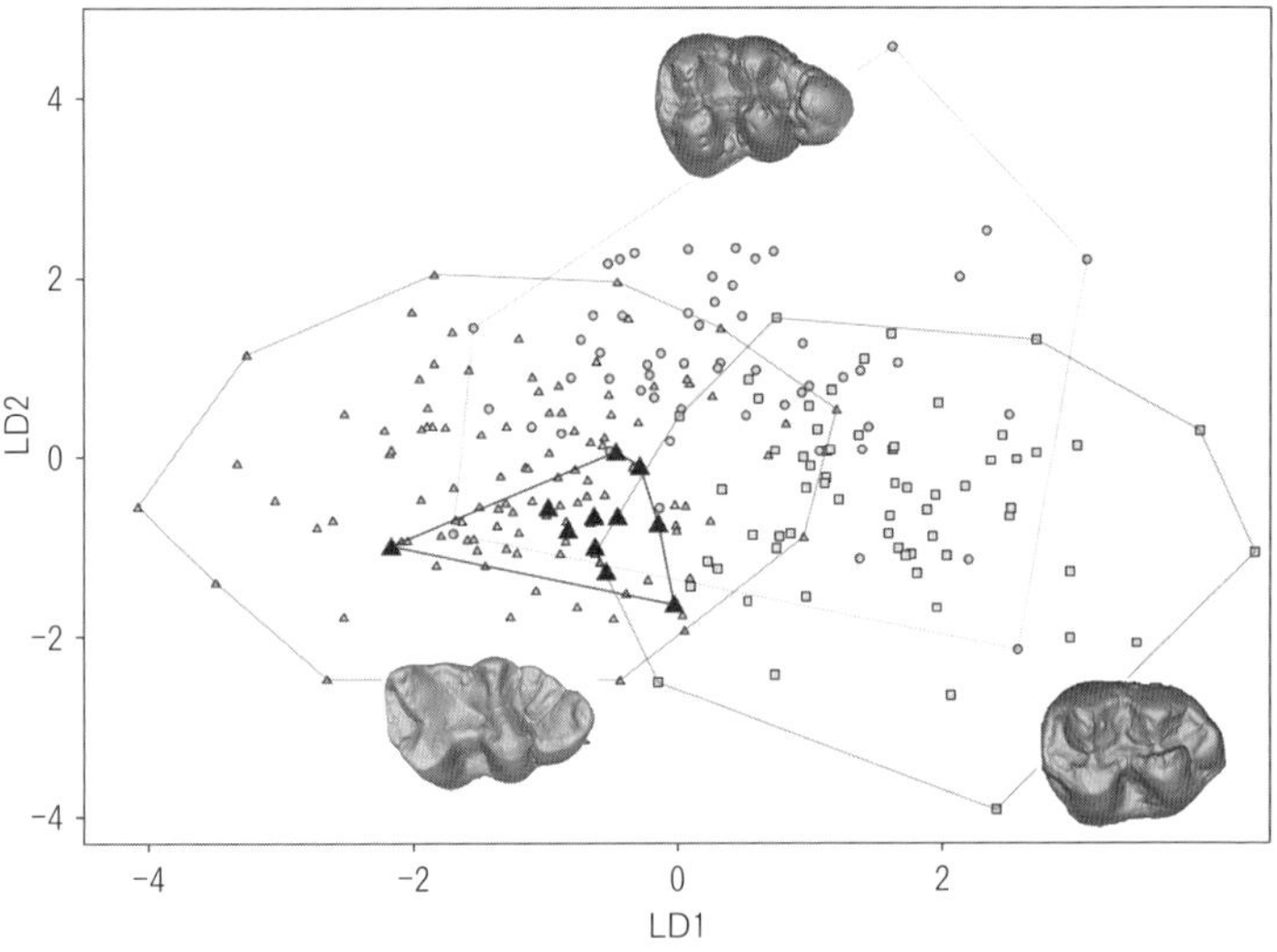

図 9　図 1 で設定した 12 個のランドマークの三次元座標値をプロクラステス解析し、主成分分析で得られた得点を判別分析で解析したものです。X 軸と Y 軸で咬頭の配置・高さ・向きなどが変化しています。○がトクモンキー種群、□がシシオザル種群、△がカニクイザル種群、▲は日本から見つかったマカクザルの化石歯の得点を示し、参考のためにそれぞれの種群の現生標本の三次元画像を例として示しています。日本で見つかっているマカクの化石歯（▲）が、すべてニホンザルが属するカニクイザル種群（△）の分布範囲内に含まれることがわかります。（浅見真生提供のデータより作成）

お産が大変な哺乳類はやっぱりヒトですか？

産みにくさではヒトが断トツです。

ヒトの新生児は大きいか？

カモノハシとハリモグラを除き、現存する哺乳類は子を産む**胎生**です。胎児は子宮で成長し、骨盤を通過して生まれてきます。子宮は骨盤の中にありますが、胎児の成長につれおなかの方にせり出します。大きなおなかをした女性を見かけると大変そうだと思います。国内の新生児平均体重は3kgで、8割の赤ちゃんはその上下500gの幅に含まれます。「大きな赤ちゃんのお産は重い」と言いますね。確かにそうですが、生物学的に見ると、ヒトの難産の原因は赤ちゃんの体重ではないのです。

お母さんの体重に対する新生児体重（相対体重）は、ヒトで5～6％です。実はヒヒ（7％）より低いのです。ゼニガタアザラシは10％、イルカは30％、コウモリには40％にも達する種類がいます。ヒトの新生児は大型類人猿よりもかなり大きいのですが（次頁**表1**）、哺乳類を見渡せば飛び抜けているわけではありません。相対体重は、お産の難しさを見る手がかりですが、十分な尺度ではありません。

表1　ヒトと大型類人猿における脳重と体重

種類	新生児		成体	
	脳重 g	体重 g	脳重 g	体重 kg※
オランウータン	170	1728	413	53.0
ゴリラ	227	2110	506	126.5
チンパンジー	151	1756	382	36.4
ヒト	384	3300	1250	44.0

※オスとメス（男女）の平均体重（[11]［12］より作成）

お産の難しさを左右するのは、胎児が骨盤（産道）を通過する難易度です。骨盤は、脊柱の一部である仙骨と股関節をつくる骨（**寛骨**《かんこつ》）が背中側でつながり、さらに左右の寛骨がおなか側で結合（恥骨結合）してつくられます（**図10**）。筋肉などは伸びますが、骨は伸びません。ですから、この骨の輪の部分が肝心です。後ろ足が退化した鯨類《げいるい》では、骨盤の痕跡は分娩の障害になりません。大きな新生児を産むコウモリは、左右の寛骨が弾性のある靭帯で結合し（オスでは骨癒合しています）、分娩の際は靭帯がゴムのように伸びて胎児を通過させます。

人類の骨盤は二足歩行に適応した結果、独特な形になりました。[13] 寛骨が上下に短く、仙骨の位置が下にあります。仙骨と股関節の距離が短いと、起立姿勢が安定します。しかし、産道の前後左右を骨が取り囲む構造になります。また、内臓が下に脱落するのを防ぐように、骨盤の底をふさぐ筋肉や靭帯が発達しており、それらの付着する部分（**図10＊印**）が産道の出口を狭めています。チンパンジーの産道と比べてみてください。ヒトの産道が狭いことがわかるでしょうか。これが難産の原因です。

新生児の頭部

分娩では、産道の大きさ・形と、赤ちゃんの寸法との関連が重要です。鍵

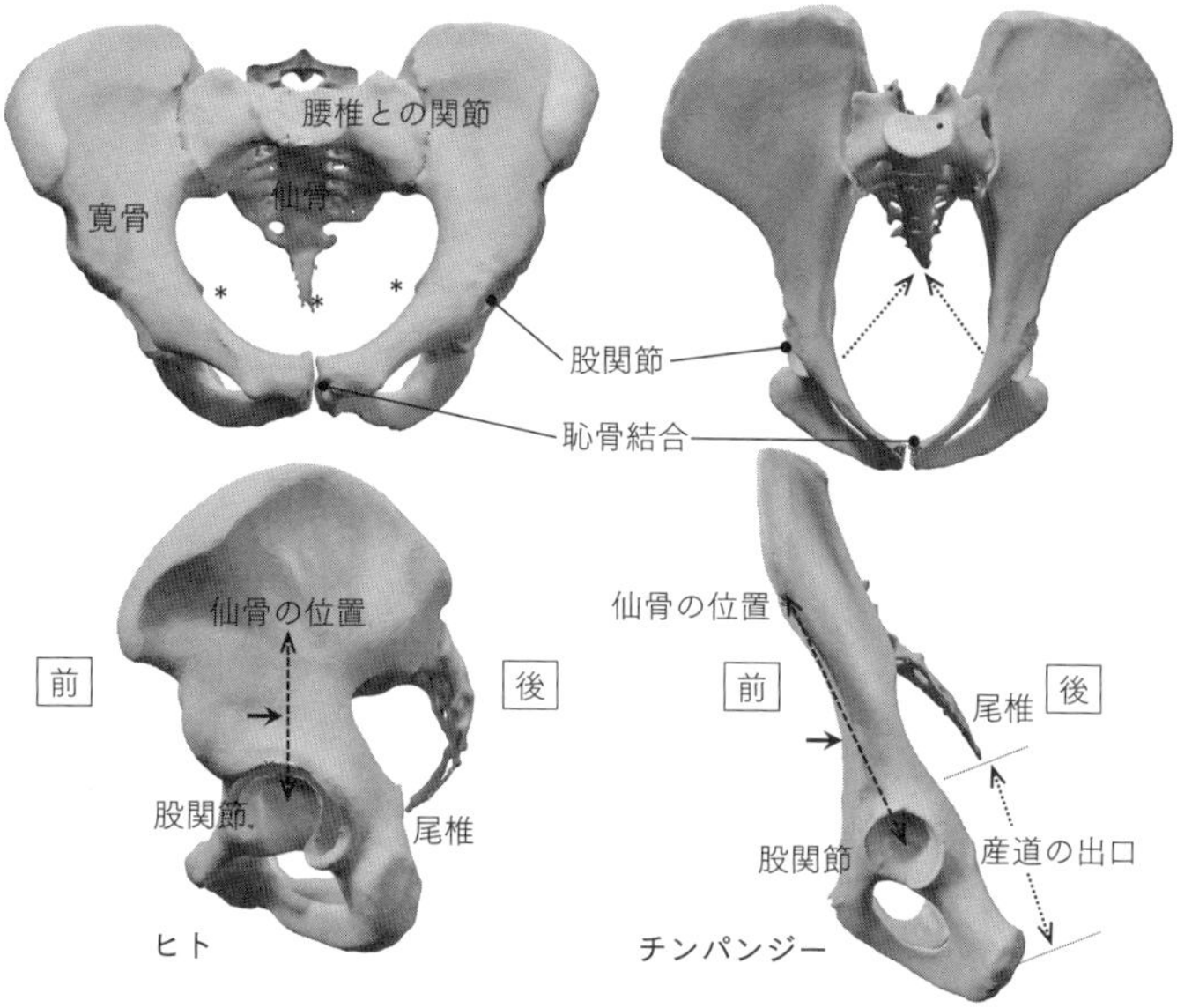

図 10　ヒトとチンパンジーの骨盤を前面からと側面から見た図。破線の両矢印は、仙骨と股関節の距離を示しています。チンパンジーでは、産道の出口（点線の両矢印で示しています）に余裕があります。これはヒト以外の霊長類で共通です。ヒトの産道の出口側にある出っ張り（＊印）に注目。

穴と鍵に喩えるなら、赤ちゃんの頭部が文字通り「鍵」です。大きな脳をもつヒトでは、新生児の頭部も大きいのです（**表1**）。ヒトの新生児の脳は380gで、生後800g以上増加し、6才頃に成人の値に達します。チンパンジーでは、生後成長量は230gで、3才で成獣の値に達します。成長量の違いはヒト成人の脳が大きいためだけではありません。誕生時の成長程度が異なるのです。チンパンジーは10週で四足立ちします。ヒトはどうでしょうか。はいはいができるまで8ヶ月もかかります。ヒトは、絶対的に未熟な状態で生まれるのです。これを**生理的早産**といいます。頭部が小さいうちに産道を通過させる適応なのです。

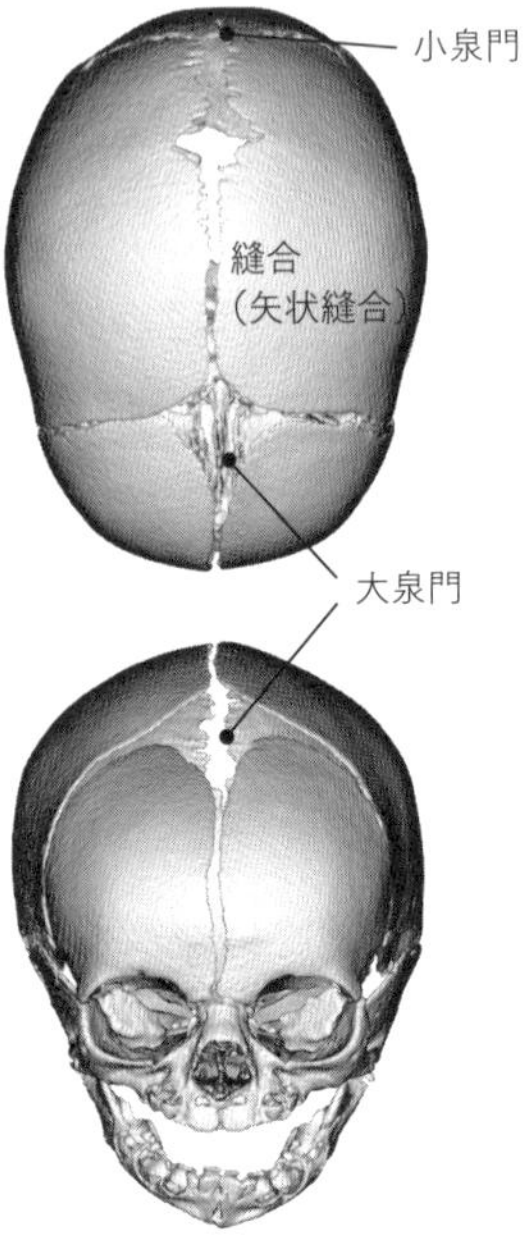

図11　ヒト新生児の頭蓋骨。縫合の発達が未熟で、頭蓋骨の前後に広い泉門が残っています。隙間から反対側の骨が見えていますが、大きさがわかりますか。（原図は森本直記提供）

頭蓋骨は複数の骨から構成されており、骨と骨がかみ合っている部分を**縫合**《ほうごう》と呼びます。脳成長が未熟なヒト新生児では、縫合形成も未熟で、脳を覆う骨の間には部分的に広い隙間（**泉門**）があり、生後2年ほど残ります（図11）。骨のつながりが緩いため、新生児の頭蓋骨は産道の圧迫を受け変形し、誕生後もしばらくその状態が続きます。

ヒト新生児の奇妙な特徴は他にもあります。類人猿に比べて、体重が飛び抜けて大きいですね。これは体重の15％もの脂肪を蓄えているためです。この脂肪は生後の脳成長の材料として重要です。お母さんがもたせてくれた贈り物ですね。

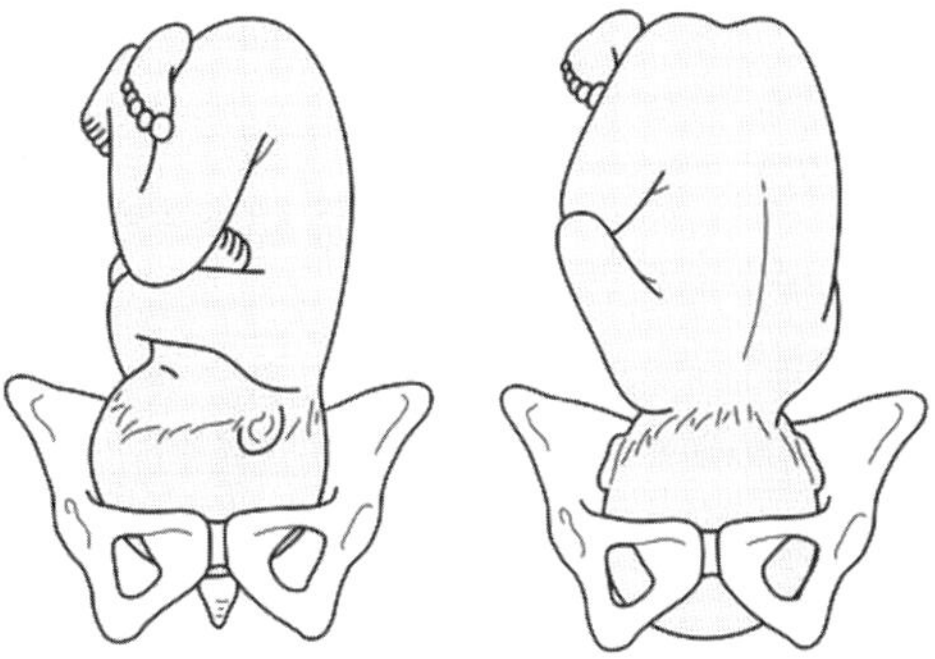

図12　児頭の回旋のしくみ（時事通信社「家庭の医学」提供）

ヒトは回りながら生まれる

ヒトの産道の横断面は、上部では横長ですが、中部と下部では左右の骨に挟まれて背腹（前後）方向の縦長になります。[14] そのため、ヒトは独特な生まれ方をします。産道上部では、前後に長い胎児の頭は横を向いていますが（体もそうです）、産道の中部では、お母さんの背中を向くように90度回転（回旋）します（図12）。胎児の頭の最大幅は後ろ側にあり、産道の幅は背中側よりもおなか側の方が広いのです。まさに鍵と鍵穴です。頭部が産道の外に出ても終わりではありません。肩幅を忘れないでください。肩（体）は産道の中部で回転します。肩が産道につかえる難産も起きることがあります。

アウストラロピテクスでは、新生児の頭蓋骨の大きさと産道上部の広さの比率は、現代人に匹敵したと推定されています。[15] 楽なお産ではなかったようです。ただし、ヒトに比べると、骨盤全体が幅広い特徴があります。産道は一貫して左右に幅広なので、ヒトのような**回旋分娩**は起きなかったでしょう。ホモ・エレクトゥスでは、現代人と同じように産道が中部より下で前後に拡大をしています。この頃に回旋分娩が一般的になったのかもしれません。

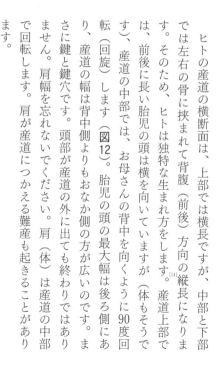

なぜヒトには尻尾がないんですか？

樹上をゆっくり移動していた祖先をもつためです。

尻尾をなくした霊長類が類人猿

ヒトの他にも尻尾をもたない霊長類はいます。まずは類人猿です。この他にマカク類とロリス類の一部にもいます。ヒトと類人猿は**ヒト上科**というグループにまとめられますが（巻末「分類表」参照）、現存する仲間はすべて尻尾を失っています。一方、マカク類には体長の半分以上ある長い尻尾をもつ種類もおり（ニホンザルもマカク類ですが、尻尾は8～9㎝と短い方です）、ロリス類にもきわめて短い尻尾をもつ種類がいます。尻尾を失ったことはヒト上科の重要な特徴と考えられ、その理由についていくつかの仮説が出されました。

そもそも霊長類にとって、尻尾はどのような役割をもつのでしょう。尻尾の向きや動きを仲間との合図に用いる種類もいますが、共通している働きは木の上で体のバランスをとることです。木の上で暮らす霊長類は、地上で長く活動する種類よりも長い尻尾をもつ傾向があります。長い尻尾は、枝の上の歩行で姿勢を安定させ、枝から枝に飛び移る際に勢いをつけたり空中で姿勢を変えたりするのに使われます。地上では、長い尻尾を引きずってしまうかもしれませんね。

20世紀前半の著名な人類学者アーサー・キースは、尾の喪失と**懸垂運動**との関連を唱えました。現存する類人猿は、前肢で木からぶら下がる懸垂運動を共通して行い、骨格にはそうした運動への適応が認められます。懸垂姿勢では胴体が直立します。そうすると、腹部（腹腔）の内臓が下がり腹圧を高めます。それに反応して、腹腔の底をふさぐ要である肛門挙筋が緊張します。ところが、この筋は尻尾の付け根に付いているため、尻尾をおなか側に引っ張って動かせなくしてしまいます。尻尾の長いイヌやネコを飼っていたら、前肢を持ち上げて立たせてみてください。尻尾を動かさなくなります。「動かせない尻尾は役に立たないため、退化が始まったのだ」とキースは唱えたのです。[16]

懸垂運動を行わない類人猿も尻尾を失くしていた

世界で最初に化石類人猿が発見されたのは19世紀のフランスですが、20世紀の後半になると東アフリカで多くの化石類人猿が発見されるようになりました。代表的な種類は、プロコンスル、エケンボ、ナチョラピテクスなどです。中には全身の骨の多くを残す骨格標本も見つかっています。化石資料が増えるにつれて、こうした類人猿は、現存する類人猿と異なり、懸垂運動に適応した骨格の特徴をもたないことがわかってきました。一方で、1000を超える化石標本が集められたにもかかわらず、尾椎《びつい》の化石は発見されなかったのです。

「証拠が無いことは、無いことの証明にならない」という格言があります。尻尾の化石が発見されないことから、尻尾がなかったと主張することは危険です。しかし、他の部位の椎骨《ついこつ》の化石が多く発見されたにもかかわらず、一つの尾椎も発見されていないのです。「化石類人猿は、実際に尻尾をもっていなかったのだろう」と多くの人が考えるようになってきました。そして、90年代の末に、懸垂運動説に替わる新しい仮説が提出されたのです。

ロリス類はほぼすべての時間を木の上で過ごしますが、尾を著しく退化させています。面白いことに、ロリス類の運動はスローモーションのようにゆっくりとしています。こうした運動に必要なのは、手足の強力な把握力と、重力に逆らって四肢の動きを制御する筋力です。尾を素早く動かす使い方は、ゆっくりした移動運動には役に立ちません。現在知られている多くの化石類人猿について、手足の把握力が非常に強かった証拠が見つかっています。そこで、「体の大きな霊長類が樹上を慎重に移動する運動に適応した結果、バランスをとる尻尾の意味が失われ、退化したのだ」と考えられるようになりました。

尻尾がなくても尾椎はある

現在では、この仮説が主流になっていますが、紆余《うよ》曲折もありました。プロコンスル類（1800万年前）の長い尾椎化石が発見されたというニュースが学会を駆け巡ったことがあります。これが正しければ、化石類人猿が尾を失っていた前提自体が崩れます。

その頃、私たちは、プロコンスル類より新しい時代の類人猿ナチョラピテクス（1500万年前）の化石を整理するうち、退化した尾椎を世界で初めて発見しました（図13）。ヒトや現生の類人猿と同じように、平たく、先端が狭まった形をし、脊髄神経を通す管をもちません。体から突き出した尻

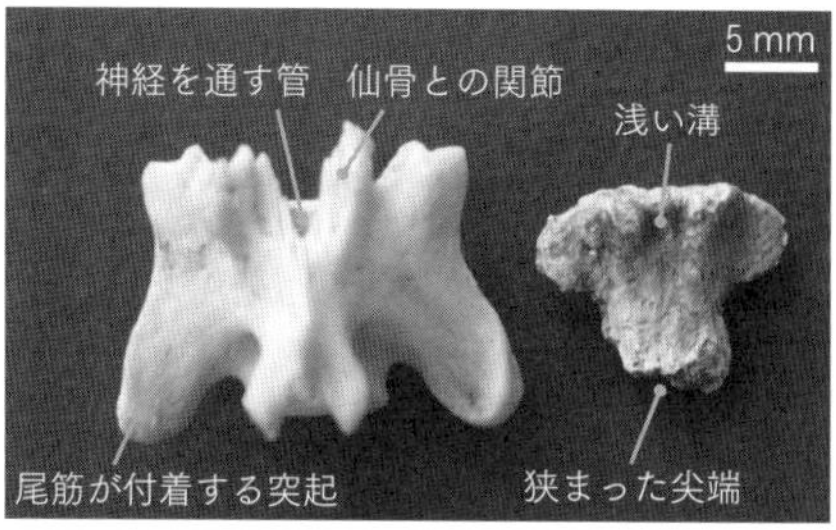

図 13　ニホンザル（左）とナチョラピテクス（右）の第一尾椎。短くても尻尾をもつニホンザルと尻尾を失ったナチョラピテクスの違いがわかるでしょうか？

尾をつくらなかったことを明白に示しています。[17]

では、古い時代の化石類人猿は尻尾をもっていたのでしょうか？　プロコンスル類とナチョラピテクスの四肢《しし》骨《こつ》はよく似ています。それにもかかわらず、一方が長い尻尾をもち、一方が尻尾をなくしていたのは奇妙です。そこで、私はプロコンスル類の発掘を行っていた研究チームと協力して、椎骨標本を詳しく調べ、尾椎をぶら下げる仙骨（巻頭「骨格図」参照）の特徴から、プロコンスル類の脊柱は大きな尾椎をぶら下げていなかったこと、尾椎だと発表された骨は、ペチャンコにつぶれた後、細長く割れた腰椎であることを立証しました。[18]

現存する類人猿とヒトに見られる尻尾の退化は、ヒト上科の誕生の早い時期に進化した特徴であるという主張は、現在、ほとんどすべての研究者に受け入れられています。ヒト上科に共通して見られる特徴には、**平行進化**によって現れたものも多いと考えられているのですが、尻尾をもたないことは、ヒト上科を定義する重要な特徴なのです。

ところで、退化した私たちの尾椎ですが、決して無用の長物ではありません。ヒト上科は、2～5個の尾椎をもちます。それらは仙骨からおなか側に向かって連なり、その先端が肛門の位置を固定する役目を果たしています。体の中に埋もれていますが、無駄ではない構造です（135頁図10参照）。

チンパンジーは
いつかヒトに進化しますか？

どんなに進化しても、ヒトのようになる可能性はありません。

生物の進化と言語の変化

チンパンジー属は私たちに最も近縁な現存系統です。遠い将来、それらがヒト、あるいはヒトのような生き物に進化する可能性はあるでしょうか。

チャールズ・ダーウィンは著書『人間の由来』の中で、生物の進化と言語の変容との類似関係を論じています。それにならって言語で喩えましょう。

イタリア語、スペイン語、フランス語、ルーマニア語など（他にもありますが省略）は、ロマンス諸語と呼ばれ、ローマ帝国内で話されていた口語ラテン語（俗ラテン語）から発生しました。イタリア語とスペイン語の語彙は8割共通するといわれています。知り合いのスペイン人は、「イタリア語の勉強をしたことはないけれど、身振りをつけてゆっくり話してくれれば、イタリア人の話は理解できる」と言っていました。

人間が使用している限り、時代とともに言語は変化します。しかし、イタリア語が時代を経て変化したとして、スペイン語に変わりうるでしょうか？

過去、これらの言語に同じような変化が独自に生じたこと（**平行進化**）があったかもしれませんが、それ以上に異なる変化がそれぞれに蓄積することによって、時間の経過とともに異なった言語に変化してきました。将来、イタリア語がスペイン語に変化することはありません。チンパンジーについてもしかりです。

しかし、仮想上ですが、イタリア語が口語ラテン語からほとんど変化していなかったとしたらどうでしょうか。いつかスペイン語そっくりに変化する可能性があるのでしょうか。次で説明します。

ヒトとチンパンジーの共通祖先

まず、チンパンジーの系統がヒトの系統と分かれた頃からどれほど変わっているのか（あるいは変わっていないのか）を考えましょう。

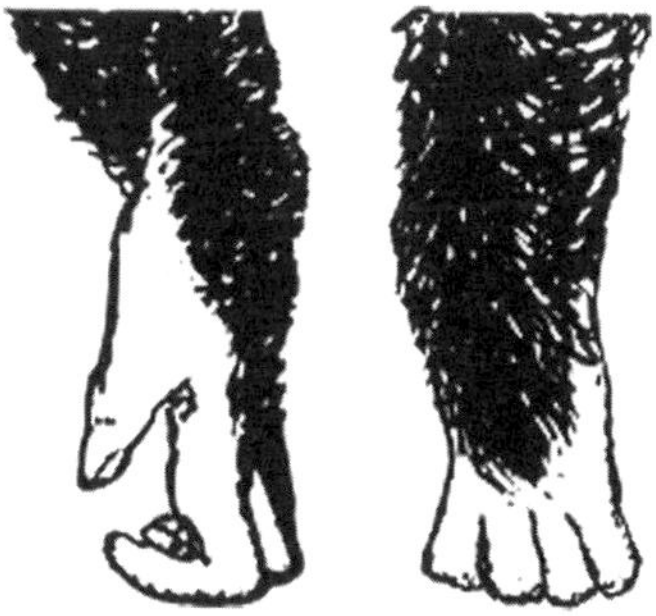

図 14　ナックル歩行での手のつき方。指の中節で体重を支えます。

残念ながら、最後の共通祖先が生きていた頃の類人猿化石は知られていません。しかし、**最節約原理**によってその姿を推定できるという議論があります。**ナックル歩行**を例に説明しましょう。ナックル歩行とはゴリラ属とチンパンジー属に特有の四足歩行で、手のひらではなく、指の中節の背中側を接地させて体重を支えます（図14）。次頁図15にはアフリカ類人猿3種とヒトの系統関係を示しています。図15Aでは、ナックル歩行が3種とヒトの共通祖先に現れたと考えています。一方、図15Bではナックル歩行がゴリラ属とチンパンジー属に平行進化したと考えています。最節約というのは、平行進化などをできるだけ

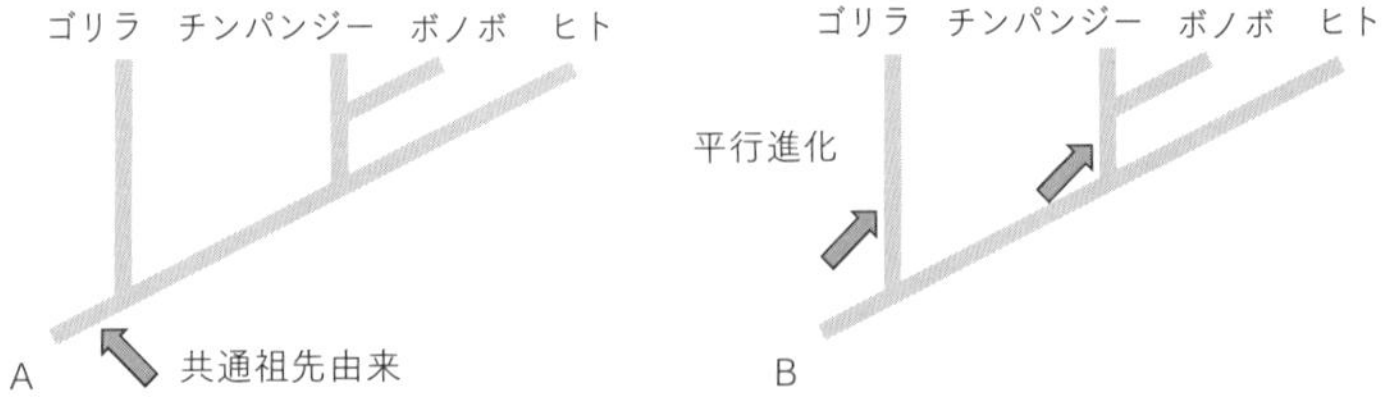

図 15　ナックル歩行の進化を巡る二つの仮説。(A) ではアフリカ類人猿３種（ゴリラ、チンパンジー、ボノボ）とヒトの共通祖先に現れたとしています（矢印の位置）。(B) では二つの属に平行進化したとしています。左が正しい場合、ヒトの系統はナックル歩行をやめて、二足歩行を始めたと考えられます。

少なく仮定する、ということです。同じような特徴が複数回、独立に進化する可能性は低いだろうという理屈です。この場合であれば、Ａの仮説を支持します。つまり、ゴリラとチンパンジーが共通してもっている特徴は、ヒトも含めた共通祖先がもっていた特徴に由来するということになります。こうした理屈に基づいて、共通祖先の姿を推定しようとする試みがあります。

一方で、大型類人猿の間に見られる筋肉や骨格の類似性に関して少なからず平行進化が発生していると考える研究者も多くいます[19][20][21]。それが正しければ、最節約原理はあまり有効な方法ではありません。運動機能の進化は、食物資源利用や棲息環境とも関わっています。チンパンジー属は人類系統と分かれて以来、解剖学的にも生態学的にも独自の進化を顕著に遂げているだろうと、私は考えています。

進化は繰り返すか

しかし、チンパンジーが共通祖先からほとんど変わっていないと仮定してみましょう。ヒトのような生き物に進化する可能性はあるのでしょうか。「ヒトのような」とは、直立二足歩行の有無にかかわらず、手の優れた操作能力を用いて道具に依存し、蓄積的に複雑化する文化をもつ生き物のことです。蓄積的な変化の例としては、石器の製作技術の変化を考えてみてください（179頁参照）。さらに石器で培われた技術は金属器に転用されました。

条件が揃えば同じ進化が繰り返されるか、それとも何万年、何十万年という長い時間の中でまれですが突発的に発生する大事件（例えば、巨大噴火、寒冷化、隕石衝突など）が進化の方向を予測不能にするのか、二つの極端な見方があります。

発達した胎盤をつくる哺乳類（真獣類）と有袋類との間に見られる**収斂《しゅうれん》進化**（類似した**生態的地位《ニッチ》**をもつ異なった系統の動物同士が類似した姿に進化すること）は前者を支持する良い例です。モモンガとフクロモモンガ、キンモグラとフクロモグラの例などがよく知られています。ちなみに、キンモグラとモグラ類は異なる系統なので、これらの類似性も収斂進化の例です。

文化的行動は、ヒト以外の動物（霊長類だけではありません）にも見られます。面白いことに、**新生代**（6500万年前〜）には、霊長類を含む複数の哺乳類系統、またいくつかの鳥の系統においても（カラスも含まれます）、脳の大型化が平行進化しました。[22] 動物において、認知能力が進化することはきわめて珍しいとまでいえないようです。しかし、蓄積的に複雑化したと考えられる文化的行動をとる種はヒト以外には認められません。これを見ると、人類の文化と脳の進化には滅多にない偶然が強く関わったように思えるのです（165頁参照）。現代に口語ラテン語を話す地域が残っていたとしても、将来、それがスペイン語そっくりの言葉に変わるとは思えません。地理的、時間的な人口動態の変化、他言語との交渉が、過去に起きたのと同じように繰り返されるとは考えられないからです。

イエティやビッグフットは本当にいませんか？

残念ながら、存在する可能性はほぼありません。

謎の霊長類

目撃談があるものの、その存在が公式に確認されていない生物を未確認生物と呼びます。二足歩行する生き物では、イエティ（雪男）とビッグフット（サスクワッチ）が有名ですね。忘れられているかもしれませんが、70年代には、広島県で「ヒバゴン」という二足動物の目撃が相次ぎました。

まず、未確認二足動物が霊長類であるとしたら、どのような系統かを考えてみましょう。イエティはヒマラヤ山脈とチベット高原で報告例があり、ヒト並み、あるいはヒトを超える大きさの二足歩行する動物です。体の大きさからすれば、ヒト科（巻末資料「分類表」参照）というのが妥当でしょう。マダガスカル島には２３００年前までこのサイズの**曲《きょく》鼻《び》猿類《えんるい》**がいましたが、アジア大陸に分布を広げた可能性はありません。ヒト上科だとしたら、中新世のアジアに分布した類人猿の子孫、あるいは更新世にアフリカからやってきたホモ属の子孫でしょう。

ビッグフットは北米で目撃談があり、２ｍを超える身長の二足動物です

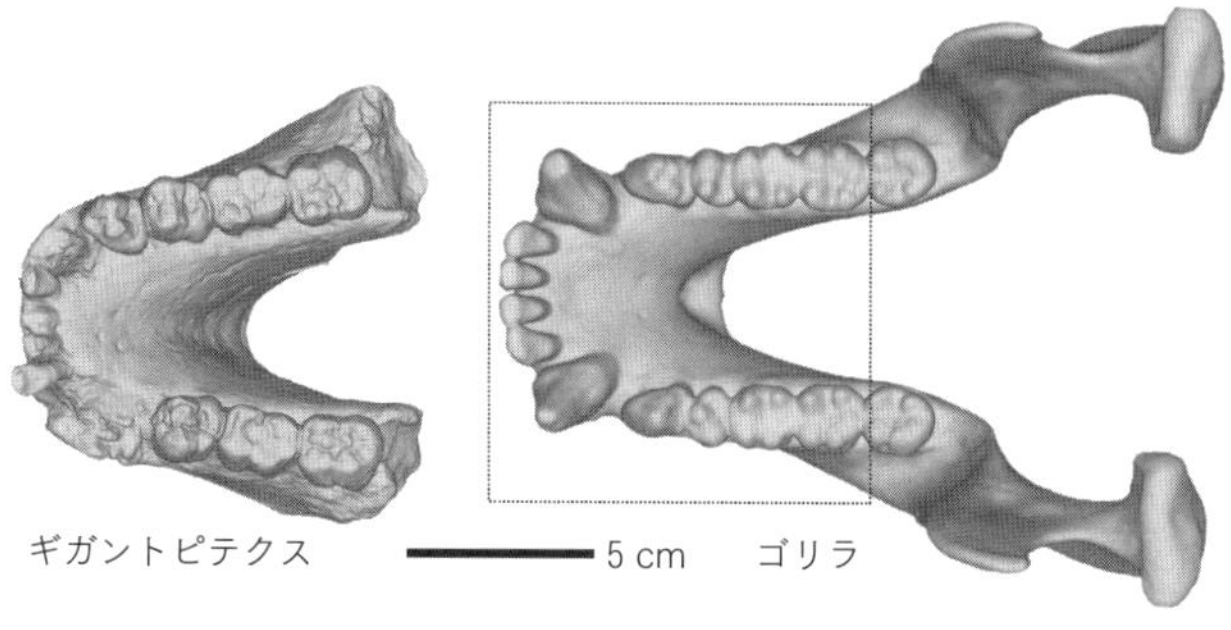

図16　ギガントピテクス（左）とゴリラ（右）の下顎の比較。どちらもオスの標本です。ギガントピテクスは、歯の何本かと下顎の後方が破損しています。残されている部分をゴリラの標本に点線で囲って示しました。大きさを比べてみて下さい。

（3mという目撃談もあります）。現在、中南米には分布して広鼻猿《こうびえん》類《るい》が棲息していますが、メキシコを越えて北には分布していません。この大きさであれば、広鼻猿類と人類の可能性はなく、北東アジアから分布を広げたアジア類人猿の子孫という可能性が残ります。

絶滅類人猿の生き残りか

ヒマラヤ山脈の南麓に広がる**シワリク層**からは、**インドピテクス**（650万年前）という大型の類人猿が発見されています。その南方のミャンマー、ベトナム、中国雲南省からは巨大類人猿**ギガントピテクス**の化石が発見されています（図16）、最も新しい化石は30万年前です。こうした類人猿の子孫が、チベット・ヒマラヤの高地に密かに棲息しているのでしょうか。その可能性は無視できるほど小さいです。シワリク層の広がる地域では、600万年前から、樹木が減少し草原が拡大しました。類人猿化石はそれ以降、見られません。オナガザル類の化石は100万年前まで見られますが、そこで途絶えます。植物食性の大型類人猿を養う食物資源が高地に残ったとは考えにくいのです。

保全生物学では**最小存続可能個体数**（**MVP**）という概念があります。種によって異なりますが、狭い地域に限って分布したとしても、ゆっくり成長する大型の哺乳類であれば500頭は必要でしょう。例えば、マウンテンゴリラではMVPが840頭、ジャイアントパンダでは440頭と推定した研究があります。[23] それを下回ると、一時的な環境悪化によって一気に個体数が減少して絶滅したり、遺伝的多様性が失われ近交弱性《きんこうじゃくせい》（近親交配の結果、生存に有害な特徴をもった個体が増えること）が起きたりします。250万年前から、世界は**氷河期**に入り、寒冷期と温暖期が繰り返しました。熱帯・亜熱帯以外のアジアに大型類人猿が棲息することは不可能だったと考えられます。

ビッグフットの場合も無理があります。北緯45度（宗谷岬付近）以北のアジアで類人猿化石は発見されていません。北米へ類人猿が移動するためには、北緯66度にあるベーリング海峡が陸化する必要があります。そのためには、寒冷化し、陸上に氷床が発達して海水面が低下しなければなりません。寒冷な時期、高緯度地域では陸上の食物資源の分布密度が低くなります。トナカイやジャコウウシのように移動能力が高い哺乳類でない限り分布域を北米にまで広げることは不可能だったでしょう。

イエティはサピエンス以外のホモ属なのか？

もしイエティがいる（いた）とすれば、類人猿ではなく、ヒト以外の人類でしょう。中国の黄土高原で発見された石器の年代によれば、200万年前には東アジアにホモ属が到達していたようです。シワリク層からも、それに近い年代の石器が発見されています。これらを残したのは、**ホモ・エレク**

トゥスかもしれません。

イエティは全身が毛で覆われているといわれています。類人猿と違って、私たちが密生した体毛をもたないのは、サバンナで長時間の遊動を行うようになり、大量の汗をかき、その蒸発によって体温を調節する能力が進化したためだとされています。[24] 体毛が薄ければ、汗の蒸発が促進されます。アフリカに分布した初期のホモ属には、広域の遊動行動を示唆する骨格特徴が見られます。しかし、長い体毛の喪失が骨格の進化よりも遅れて始まったとすると、早期にアジアに来たホモ属の子孫が、類人猿と同じように濃い体毛をもった可能性も排除できません。

では、古いホモ属の子孫が生き残っている（いた）可能性はあるのでしょうか？　きわめて小さいでしょう。陸上、特に高地は、シーラカンス（生きた化石と呼ばれる）が棲む深海のように変化に乏しい安定した環境ではなく、寒暖、乾湿の変動を強く受けます。ヒマラヤ、チベット高原では、更新世を通し、人類にとって生存可能な地域の狭小化と分断が、繰り返し起こったはずです。MVPが維持できたとは考えにくいです。

ネアンデルタール人は、19世紀の中頃にヨーロッパで発見された先史時代人類で、私たちの系統と60万年前に分かれています。彼らは、私たちの祖先である同時代の**アフリカ系サピエンス**に劣らない技術・文化をもち（火も使っていました）、ヨーロッパだけではなく、中東、中央アジア、シベリアという広大な地域に広がっていました。そうした人類ですら絶滅しました。4万年前以降では、ユーラシア全域でアフリカ系サピエンス以外の人類の遺物は発見されていません。

第 5 章

絶滅した祖先

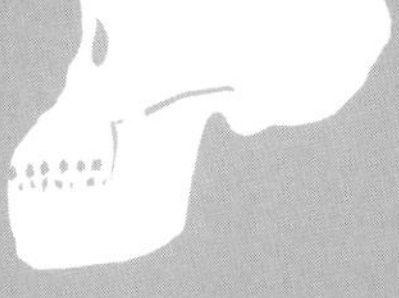

猿人と原人はどう違うのですか？

もともとは、脳の大きさで区別していました。

原人か猿人か

人類の進化段階について、猿人、原人、旧人、新人という言葉がよく用いられます。実は、欧米で用いられる用語には、原人という言葉はありません。そもそも、これらの言葉は人類進化の大枠が理解される以前に使われ始めたため、現在では、当初と異なった意味で用いられているものもあります。

原人という邦語は、1900年代初めに東京帝国大学の**坪井正五郎**が用いたのが最初かもしれません。坪井は、世界各地に多様なサピエンス集団ができあがる以前に存在した大本の人類という意味で使っています。

猿人という邦語をつくったのが誰なのかはわかりません。ape man（ape＝類人猿）という言葉は類人猿と人間をつなぐ仮想的な存在（ミッシングリンク）として、化石証拠が発見される前から欧米で使われていました。そのため、1890年代にジャワ原人が発見されると、当時の知識では非常に古い人類と見なされ、ape man と呼ばれました。ジャワ原人に最初に与えられた学名は**ピテカントロプス・エレクトゥス** *Pithecanthropus erectus* です。

表1　本書に登場するホモ属

種類	最も古い年代	知られている地域
原人		
ホモ・ハビリス	240万年前	ケニア、エチオピア、タンザニア、マラウィ
ホモ・エレクトゥス	190万年前	ケニア、エチオピア、エリトリア、タンザニア、マラウィ、南アフリカ、アルジェリア、ジョージア、インドネシア、中国
旧人		
「ネアンデルタール人」	30万年前	ヨーロッパ、中東、シベリア、中央アジア
新人		
ホモ・サピエンス	30万年前	全世界

ホモ・エレクトゥスよりも新しい「原人」と「旧人」の分類については意見が分かれているため、ここには示していません。年代は化石証拠に基づいた数値です。遺伝学的な研究によれば、ネアンデルタール人の系統と私たちの系統は約60万年前に分かれています。

Pithec-us はサルを、anthropus はヒトを意味します。erectus は直立です。文字通りに訳せば「直立した猿人」ですね。

20世紀に入り、より古い人類がアフリカで発見されるようになりました。**アウストラロピテクス**の最初の記載論文の題目には man-ape という言葉が用いられています。[1] 直訳すれば人猿です。1950年代には、ジャワ原人を**ホモ・エレクトゥス**としてホモ属に分類することが一般的になりました。

現在では、ホモ属よりも古い人類を猿人、ホモ属の種のうち、比較的古い種をまとめて原人と呼んでいます（表1）。100万年前より新しい化石ホモ属については、分類意見が多様なので、それらの種類と特徴については、あえてここでは触れません。

ホモ属の定義とは

1948年、イギリスの人類学者アーサー・キースは、ホモ属の定義に関し「脳のルビコン」という論考を発表し、750cc以上の頭蓋容量《とうがいようりょう》（頭蓋骨で脳を収めている部分の容積）をホモ属の条件としました。[2] 正常な現代人であればこの値よりも上で、どんな類人猿もこの値に届かないためです。ルビコンは古代ローマでイタリア本土と属州の境界となっていた川の名前で、軍を率いてこの川を越えることは禁じられていました。紀元前49年、政敵に失脚を謀られたユリウス・カエサルは反乱を起こし、軍団を率いてこの川を越えローマに進撃しました。「賽《さい》は投げられた」という文句も有名ですね。転じて、「ルビコンを越える」という言葉は、後戻りのできない重大な決断の比喩になっています。つまり、ホモ属とそれ以前の人類との重大な違いは高度な脳の機能に依存した行動であり、そこから後戻りのない人間らしい特性の進化が始まったとキースは唱えたのです。アウストラロピテクス属の頭蓋容量は、種の平均値が400cc～510ccで、チンパンジー、ゴリラと同程度です（166頁表3参照）。

原人の特徴

キースが活躍した時代、知られていた最も古いホモ属はホモ・エレクトゥスでした。そのため、「脳のルビコン」が有効だったのですが、1960年代には、この基準を下回る**ホモ・ハビリス**が発見されました。[3] 平均頭蓋容量が650ccで、アウストラロピテクスとの違いは微妙です。ホモ属に含めてよいかどうか議論がありましたが、アウストラロピテクスと比べると、顎の突き出しが弱く、**咀《そ》嚼《しゃく》器官**が小さくなっている特徴があります。また、頭を支える項《うなじ》の筋肉が付着する領域も狭くなっています。体格には個体差が大きいのですが、平均的にはアウストラロピテクスと大きく変わりません。

アウストラロピテクス　ホモ・ハビリス　ホモ・エレクトゥス

図1　化石人類の頭骨模型。黒い部分は欠損部を補ったところです。ハビリスの特徴には大きな種内変異が存在しますが、この標本は頭蓋容量が平均よりもかなり大きな（752 cc）個体です。

ホモ・ハビリスは250万年前頃にアフリカに現れたのですが、猿人との線引きが必ずしも明確ではなく、ハビリス類をアウストラロピテクス属に含めることを主張する研究者も少数いるほどです。石器をつくり始めたのは猿人ですが（179頁参照）、石器使用の証拠が広汎に見られるようになるのはこの時代です。

190万年前に、ホモ・エレクトゥスがアフリカに現れました。60kgをゆうに上回る個体も珍しくはなく、頭蓋容量は750〜850ccあります。面白いことに、体が大型化したにもかかわらず、臼歯が小型化しています[4]。咀嚼しにくい食べ物は、口に入れる前に石器などで処理していたのでしょう。猿人と異なり、ホモ・エレクトゥスは、アフリカの外にも分布を広げました。それは、さまざまな環境において、行動を柔軟に変える能力があったためだと考えられています[5]。

コラム　人類とヒト

4章と5章では、人類の進化と適応についての疑問に答えています。ここでは、「人類」という言葉を「チンパンジーの系統と分かれた後の私たちの側の系統に属するすべての種類」という意味で用いています（図2）。文字通り、「人の類《たぐい》」ですね。現存する人類（現生人類）は、私たち**ホモ・サピエンス** *Homo sapiens* だけですが、過去には別種の人類も存在しました。人類という言葉には、世界の人間を集合体として示す響きがありますが（「人類最速！」など）、そういう意味を込めるとしても、人間といえば事が足りると私は思っています。それはともあれ、本書で用いる人類の意味を記憶に留めてください。

生物学的な文脈で特定の生き物の名前を指し示すとき、**学名**を用いると正確ですが、長くなることが多いので少し使いにくいですね。そこで、学名に対応する**標準和名**という名前があります。*H. sapiens* の場合（同じ学名を繰り返しに書く場合、このように属の名前を頭文字で省略することができます）は、ヒトです。地の文章と区別がつくようにカタカナ書きにします。

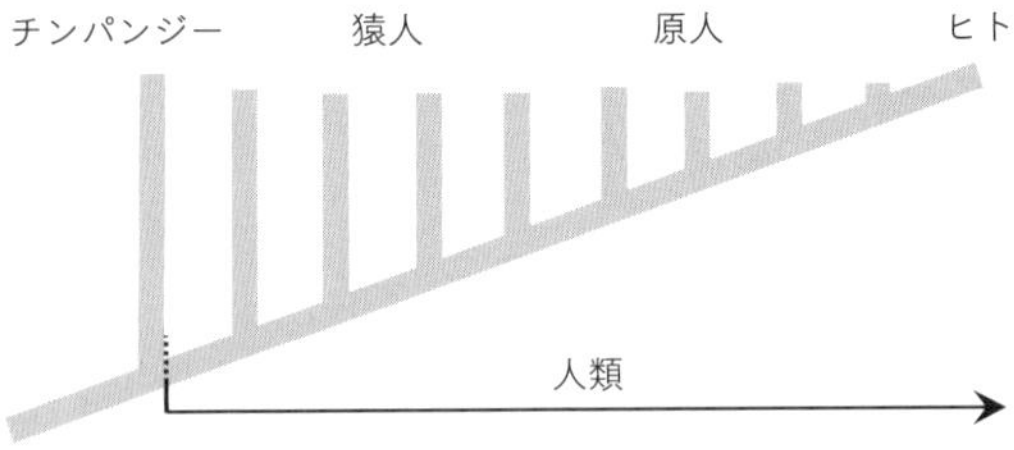

図2　「人類」という用語が指し示す範囲です。

生物学的属性だけではなく社会的、文化的側面や価値観を含むような文脈では、「人間」や「人」が使われます。「人間味」とか「人の道」と言えば、含む意味はわかりますね。一方、「ヒトの来た道」と書けば、進化史です。ところで英語では、ヒトも人類も humans です。使い分けができる点、日本語は便利ですね。

猿人はどんな所に棲んでいたの？

アフリカの森の近くの水辺だったようです。

中新世の猿人

人類の系統は、700〜800万年前にアフリカ大陸の中で、チンパンジーの系統と分かれました。大陸内のどの地域で分かれ、その後、どのように地理分布したかはわかっていません。ケニアで発見された1千万年前の類人猿ナカリピテクスは、人類・チンパンジー・ゴリラの共通祖先に近縁である可能性が高いのですが、当時、東アフリカ以外にもナカリピテクスの仲間が棲息していなかったとはいえません。ゴリラの祖先系統とされるチョローラピテクス（800万年前）もエチオピアで発見されていますが、同じ理由から、エチオピアでゴリラが進化したともいえません。

600万年前に迫る、あるいはそれを超える古い猿人は3種が知られています。[6] **オロリン・トゥゲネンシス**、**アルディピテクス・カダッバ**、**サヘラントロプス・チャデンシス**です（次頁表2）。サヘラントロプスの年代は、一緒に発見された動物の種類から推定したものです。物理科学的な方法で推定した地層の年代（720〜680万年前）も出されていますが、信頼性につ

表2　本章に登場する猿人

種類	最も古い年代	知られている地域
オロリン・トゥゲネンシス	610万年前	ケニア（バリンゴ）
アルディピテクス・カダッバ	580万年前	エチオピア（ミドルアワシュ）
サヘラントロプス・チャデンシス	650〜600万年前	チャド
アルディピテクス・ラミドゥス	440万年前	エチオピア
アウストラロピテクス・アナメンシス	420万年前	エチオピア、ケニア
アウストラロピテクス・アファレンシス	380万年前	エチオピア、ケニア、タンザニア
アウストラロピテクス・アフリカヌス	300万年前	南アフリカ（ハウテン州）
アウストラロピテクス・エチオピクス	280万年前	エチオピア、ケニア
アウストラロピテクス・ボイセイ	230万年前	エチオピア、ケニア、タンザニア、マラウィ
アウストラロピテクス・ロブストゥス	180万年前	南アフリカ（ハウテン州）

いては意見が分かれています。なお、サヘラントロプスについては、大腿骨に類人猿的な特徴が強いことから、人類かどうかを巡り激しい論争が起きています。

鮮新世の猿人

アルディピテクス・カダッバ（カダッバ猿人）からは、同属の**ラミドゥス猿人**が進化をしています。カダッバ猿人に比べるとかなり新しい時代（440万年前）の化石しか知られていませんが、いつかもっと古い時代の化石が見つかることでしょう。

猿人としてよく知られているアウストラロピテクス属は420万年前までに現れました。少なくとも5種が含まれ、細かく分類をする研究者は10種近くを唱えています。アウストラロピテクス属は100万年前頃に絶滅したようです（161頁参照）。

初期のアウストラロピテクス属には、アナメンシス猿人、アファレンシス猿人がいます。これらの化石は東アフリカ（エチオピア、ケニア、タンザニア）で発見されています。350万年前以降では、加えて、南アフリカ、マラウィ、チャドでも化石が発見されています。なかでも、南アフリカでは東アフリカの3国と並び、数多くのアウストラロピテクス類の化石が発見されています。東アフリカで猿人化石が多く発見されている理由は、**アフリカ大地溝帯**の存在によって、鮮新世・更新世の地層が地表に広く現れているためです。南アフリカの場合は、石灰岩台地が広がり、化石を残しやすい洞窟が多く存在するためです。しかし、必ずしも化石が多く発見されているところが分布の中心だったとはいえません。ケニアでは、大地溝帯の外側になるナイロビ郊外でも猿人が発見されています。[7]

サバンナか森林か

かつては、乾燥化によってサバンナが広がり、そこに取り残された類人猿から猿人が進化したと考えられていましたが、[8]今日そうした「サバンナ仮説」は否定されています。

600万年前頃の猿人化石産地の環境は、森林ほどは樹冠が密になっていない林地（オロリン、アルディピテクス）から草原とヤシ林の混合（サヘラントロプス）までと幅があります。しかし、共通点があります。それは一定の樹木が生え、比較的湿潤で、湿地あるいは年間通して水を保った河川か湖沼が近辺にあったことです。こうした環境復元は、猿人と一緒に見つかっている他の動物の環境嗜好性、エナメル質化石や古土壌の**安定同位体分析**、植物化石による植生復元などから行われています。

ラミドゥス猿人の場合も、樹冠が密ではない森林環境から食物を得ていたと推測されています。[9]二足歩行の進化は、樹木が多い環境で始まったのです。これはラミドゥス猿人の足に把握能力が残って

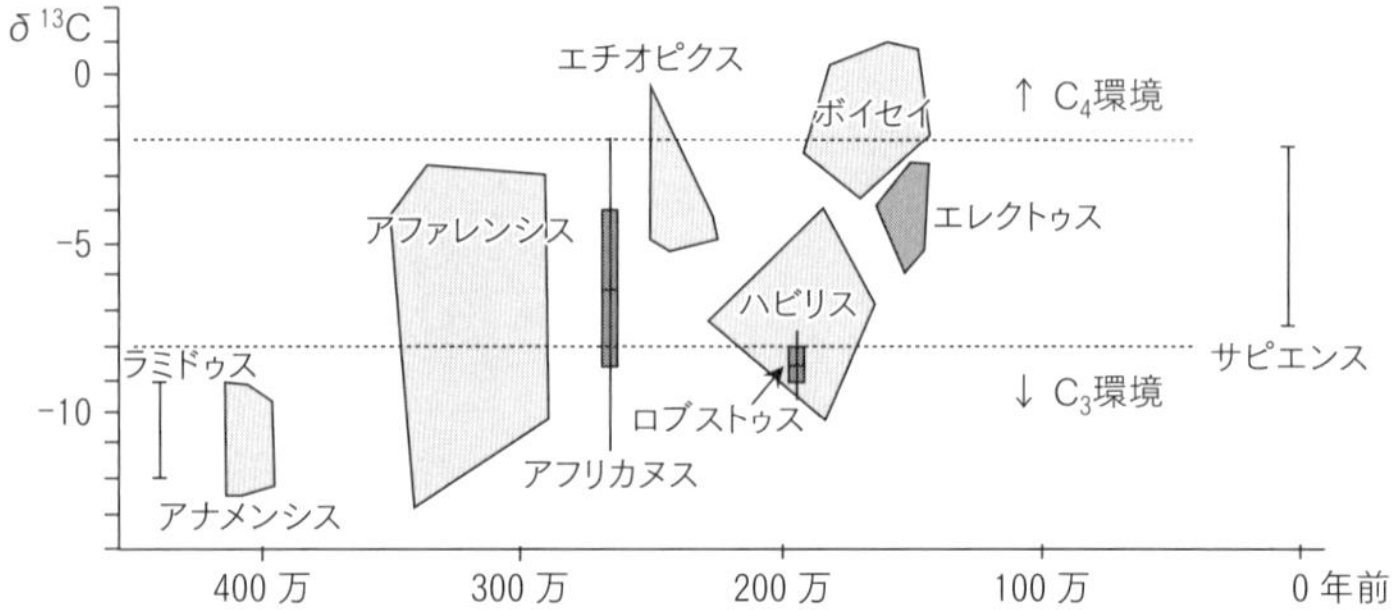

図3 化石人類の歯のエナメル質から調べた炭素安定同位体比の比較。上下の点線がそれぞれC_4、C_3環境利用の指標。サピエンスのデータは、ケニア北部の乾燥地に住んでいた新石器時代狩猟採集民。分析した標本に時代幅がある種については、標本ごとの値の分布を線で囲って示しています。([9] [10] [11] [12] のデータを元に作成)

いることとも、つじつまが合います(122頁参照)。

アウストラロピテクス属は、足の把握能力を失って土踏まずを獲得していますが、安定同位体分析によれば、この属の中で最も古いアナメンシス猿人もラミドゥス猿人と同じような環境を用いていたようです(図3)。しかし、アナメンシス猿人に続くアファレンシス猿人では、サバンナ利用の頻度がやや増加しました。それでも、森林から手に入れる食物の割合の方が高かったようです。同時代のアフリカヌス猿人も同様です。

更新世になると、**ホモ属**が登場しました。初期のホモ属(ハビリス)はアウストラロピテクスと同じ程度にしかサバンナ環境を利用していません。一方、その後に現れたホモ・エレクトゥスは、数千年前の北ケニアの狩猟採集民と同じ程度にサバンナ環境を利用したようです。面白いことに、**頑丈型猿人**の中には、エレクトゥスよりも先んじて、しかもいっそう強いサバンナ的環境から食物を得ていた種もいました。

人の顔は千差万別だけど、猿人はどんな顔だった？

類人猿のような顔で、二つの「型」がありました。

猿人の顔

猿人はどんな顔をしていたと思いますか。図4は**アウストラロピテクス・アファレンシス**（アファレンシス猿人）の復元図です。額がありませんね。目の上にはひさしのような盛り上がりがあり、鼻はぺちゃんこです。鼻の下から顎が前の方に突き出しています（突額《とつがく》性）。どこか類人猿に似ています。**アフリカヌス猿人**など他の鮮新世猿人も、こうした顔つきをしていました。

ところが、**更新世**に入ると、随分と違う顔をした猿人が現れました。その特徴を見てみましょう（次頁図5）。顎を動かす筋肉が発達したことに関連して頬骨《きょうこつ》（①）が横に広がり、

図4　アウストラロピテクス・アファレンシスの復元図。顔つきは頭蓋骨に基づいていますが、毛の生え方や耳（耳介）の大きさは想像です。（亀井乃亜画）

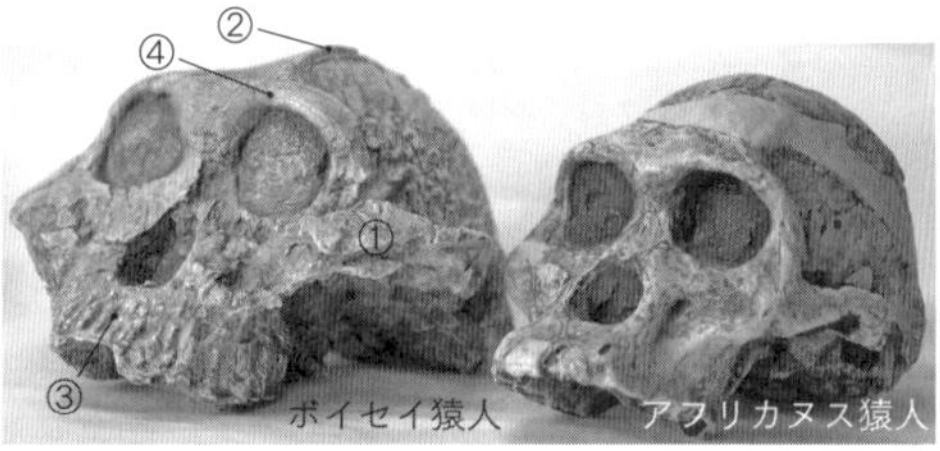

図5　ボイセイ猿人（頑丈型）とアフリカヌス猿人（華奢型）の頭蓋骨。頑丈型猿人の特徴的な部位を番号で示しました（本文参照）。

頭頂には側頭筋が付着する矢状稜《しじょうりょう》（②）が形成されています。顎の突き出し方が弱く（③）、顔面が平たくなっています。眼窩《がんか》の上にある隆起（④）の厚さが顕著です。臼歯《きゅうし》で食べ物をかみ砕いたり、磨りつぶしたりする力を発達させ、それに伴う負荷に耐えるつくりになっているのです。[13] 臼歯の長さや幅は私たちの2倍程もあります。一方で、切歯《せっし》の大きさは私たちと違いありません。脳が入る**頭蓋腔**《とうがいくう》の容量は鮮新世猿人よりもやや大型ですが、ゴリラ程度です（165頁参照）。このような猿人を「頑丈型」、それと対応させて、それ以外の猿人を「華奢型」と呼びます。実際、私たちに比べれば、「華奢型」でも華奢とはいえないのですが、相対的な表現です。

頑丈型猿人は複数いた

最も古い頑丈型猿人は**アウストラロピテクス・エチオピクス**（270〜230万年前）で、東アフリカのエチオピア、ケニア、タンザニアから発見されています。突顎性など祖先的な特徴も残しています。230万年前までに、エチオピクス猿人は咀嚼力をより発達させた「超頑丈型」猿人**アウストラロピテクス・ボイセイ**に進化しました。ボイセイ猿人は東アフリカに加えさらに南の内陸国マラウィからも発見されています。

一方、200万年前、南アフリカにも超頑丈型猿人が現れました。**アウストラロピテクス・ロブス**

トゥスです。上顎にボイセイ猿人とは違う特徴が見られることなどから別種とされています。ロブストゥス猿人もエチオピクス猿人の系統から進化したと考える研究者は、これら3種をパラントロプス属にまとめます。これを支持する意見が多いのですが、ロブストゥス猿人は、南アフリカで華奢型猿人から独自に進化したとする意見も根強いため、本書では慎重な立場をとり、アウストラロピテクス属を用いていています。

なお、パラ Para は「傍ら」を、アントロプス anthropus は「人間」を意味しますから、パラントロプスは「傍系の人類」という意味です。頑丈型猿人は、東アフリカでは130万年前、南アフリカでは100万年前頃に絶滅したようです。

頑丈型猿人はなぜ進化した？

頑丈型猿人が登場した更新世は「氷河期の時代」とも呼ばれます。氷河期といっても、地上が氷に覆われ続けていていたわけではなく、寒い時期と温暖な時期が100回以上交替しました。寒い時期には水の循環が滞り、降水量が減少します。その結果、アフリカの低緯度地域では樹木の少ない草原が広がりました。有名なセレンゲッティ国立公園（タンザニア）のように広大なサバンナがアフリカに現れたのはこの時代です。

降水量の減少につれ、雨季と乾季が明瞭に分かれるようになりました。乾期が続くと、食べ物が不足します。頑丈型猿人は、そうした時期に、他の動物（ホモ属も含まれます）が利用しようとしない硬い食物、繊維を多く含む食物などを、強力な顎と歯を使って、食べたのでしょう。タンザニアで発見されたボイセイ猿人の頭骨にはナッツクラッカー（くるみ割り）という愛称が付けられた標本があります。ぴったりの命名ですね。

登場した頃の頑丈型猿人は、そうした食物を季節的に利用したのでしょう。ボイセイ猿人には、時代とともに咀嚼器官の強化が見られます。季節利用から年間を通して利用するように行動が変化したのかもしれません。

頑丈型猿人が何を食べたのかは、よくわかっていません。化石になった歯のエナメル質を**安定同位体分析**（62頁参照）によって調べたところ、ボイセイ猿人は、樹木の乏しい、しかし湿潤な環境から食べ物を得ていたことがわかりました。湿地に生えるスゲ、カヤツリグサ（パピルスを漉《す》く草です）などの新芽や塊茎を食べたのかもしれません。一方、ロブストゥス猿人は、草原と森林の両方から食物を得ていました。また、季節による食物内容の違いが大きかったようです。一口に「頑丈型」といいますが、地域によって異なる食物を利用したようです。陸生の貝や固い殻をもつ淡水性甲殻類を食べたという面白い仮説もあります。あの顎なら、ロブスタークラッカーは必要なかったでしょうね。

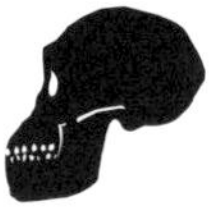

人類の脳はどう進化したんですか？

200万年前から脳の大型化が始まりました。

類人猿とヒトの脳

ヒトの脳は他の動物に比べて大きいといわれますが、実際の値を知っているでしょうか？　20世紀の初めにドイツで行われた研究によれば、男女合わせた脳の平均重量は1310g（標準偏差130g）ほどです。[14] ただし脳の大きさは集団によっても、個人によっても変異が大きいので、参考程度に考えてください。この研究では、個人差は820～1925gまでありました。一方、チンパンジーは380g（標準偏差37g）で、310～510gの変異があります。ヒトはチンパンジーのざっと3・4倍ですね。

しかし、化石では脳の重さを量ることはできません。そこで、脳を収めていた**頭蓋腔**《とうがいくう》の容積（頭蓋容量）を量ります。ヒトでは平均約1330cc、チンパンジーでは400ccです（次頁**表3**）。脳の比重は1・05g／ccです。比重と脳の平均重量から計算したヒトの平均脳容積（1250cc）と頭蓋容量とに違いがあります。これらの平均値は異なる資料から得たものなので、値が厳密に一致しなくても不思議ではないのですが、違いが大きいですね。

表3　人類と類人猿の頭蓋容量の平均値（＊［15］、†［16］、‡［17］より）

種類	頭蓋容量（cc）	体重（kg）	備考
現存する種			
オランウータン（オス）*	420	78.2	2種の平均
オランウータン（メス）*	382	35.7	2種の平均
ゴリラ（オス）*	568	166.5	2種の平均
ゴリラ（メス）*	482	84.5	2種の平均
チンパンジー（オス）*	408	49.6	3亜種の平均
チンパンジー（メス）*	388	40.4	3亜種の平均
ホモ・サピエンス（男女）†	1330		
化石人類			
アルディピテクス・ラミドゥス†	300〜350		
アウストラロピテクス・アファレンシス†	446		幅 387〜550
アウストラロピテクス・アフリカヌス†	461		幅 400〜560
アウストラロピテクス・ボイセイ†	508		幅 475〜545
アウストラロピテクス・ロブストゥス†	493		幅 450〜530
ホモ・ハビリス‡	654		幅 509〜825
ホモ・エレクトゥス（アフリカ）†	801		幅 750〜848
ホモ・エレクトゥス（アジア）†	991		幅 727〜1390
ネアンデルタール†	1420		幅 1172〜1740

実は、同一人物でも、脳の体積と頭蓋容量にはかなりの違いがあります。ヒトでは頭蓋容量を1・14で割った値が脳重量の近似値に用いられます。

現在では、頭蓋腔の容積を**CTスキャナー**で量ることができます（126頁参照）。しかし、そうした装置がなかった時代は、腔を小さな種子などで満たし、種子の体積をメスシリンダーに移し替えて測りました。しかし、化石頭蓋で頭蓋腔が無傷で残っていることは珍しいですし、腔に鉱物が詰まっていたりもしています。そのため、多くの場合は頭蓋骨の部分的計測値から推定します。

化石人類の頭蓋容量

表3には化石人類の頭蓋容量を現存する霊長類と比較して載せました。猿人（アルディピテクス、アウストラロピテクス）の値は、

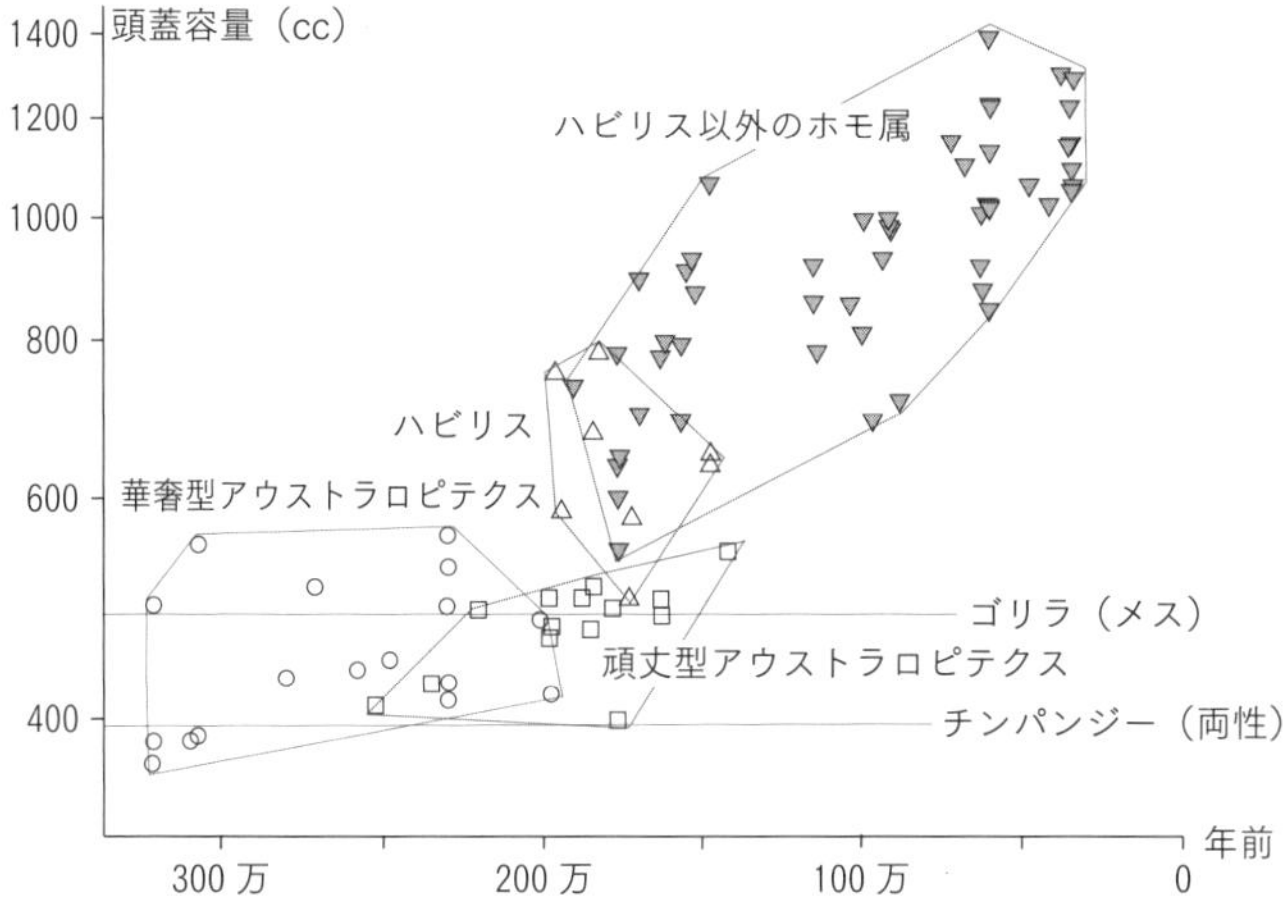

図6　鮮新世・更新世人類の頭蓋容量の変化。華奢型アウストラロピテクス、頑丈型アウストラロピテクス、ホモ・ハビリス、ハビリス以外のホモ属に区別しました。脳進化初期の違いがわかりやすいように頭蓋容量の目盛りは対数軸で示しています。（[18] のデータを元に作成。信頼性の低い値は除いています）

意外に小さいと思いませんか。少し用心しなければいけないのは、脳の大きさは体の大きさと関連して変動することです。例えば、ゾウの脳は４９００g、シロナガスクジラは４７００g、私たちの3倍以上です。ゾウの脳が大きいか小さいかを答えるのは少し悩ましいですが、体重が２００t近いシロナガスクジラの脳が大きいとは思わないでしょう。

この問題はどう解決できるでしょうか。チンパンジーとゴリラの頭蓋容量を比べてください。ゴリラの方が大きいですね。猿人の体の大きさはチンパンジー程度と考えられていますが、化石人類の中で体が大きかったホモ属でも平均体重がメスゴリラの値（85kg）を超えたとは考えにくいので、用心深く４８０cc程度を類人猿の参考値として比較すれば安全でしょう。

猿人であるアウストラロピテクスは、300万年前まで、脳の大きさの変化が見られません（前頁図6）。頑丈型のアウストラロピテクスでは、若干大きくなっている傾向が見られますが、違いは些少です。一方、ホモ・ハビリスは、猿人と変異幅がほとんど重なりません。さらに、約200万年前に現れたホモ・エレクトゥスでは、脳の大型化がいっそう進んでいます。アフリカのエレクトゥス化石資料の年代は、アジアの化石資料よりも古いため時代差が見られます（前頁表3）。数十万年前には、脳の大きさは、現生人類の値に達し、ホモ属であるネアンデルタール人は、私たちよりも大きな脳をもっていました。

脳の大型化はなぜ遅れた？

脳の進化に関しては、興味深い点が多くあります。600万年を超える人類の歴史のうち、半分以上の期間、脳の大きさは変化しませんでした。なぜでしょうか。

原因の一つは生理学的なコストです。脳はたくさんのエネルギーを消費します。脳が生存に役に立つ器官だとしても、その消費エネルギーを補うすべが解決されなければ、大きな脳は適応度を下げます（172頁参照）。

ところで恒温動物（鳥類、哺乳類）を対象に、**基礎代謝率**（自発的な活動を一切行わない状態で一定時間に消費するエネルギー量）と体重の関係を調べると、一定の関係式（クレイバー式）に従うことが知られています。奇妙なことに、大きな脳をもつヒトもこの式にぴったり当てはまります。つまり、脳が多めに使うエネルギーは、他の器官が倹約することで帳尻を合わせているのです。ヒトでは、消化管のサイズが小さいことがわかっています。しかし、この説明にはおかしな点があります。消化管のサイズを減らせば吸収できる栄養量の上限が下がるわけですから、解決になりません。おかしいですね。

しかし、食物の質を変え消化しやすくて体積あたりの栄養価が高い食物を利用するようになったとしたらどうでしょうか。これが**肉食**だと考えられています。肉食の証拠は、石器の使用痕が残された動物骨化石などから知られています。250万年前頃から、その証拠が増え始めますが、脳が大型化を始めたのはその後です。

脳が大型化する進化を妨げたもう一つの原因は、出産の問題です。成人が大きな脳をもつならば、新生児の脳（頭部）も大きくなるはずです。ところが、直立二足歩行に適応した骨盤の形は出産には向いていないのです。人類はこれを意外な方法で解決しています。それについては、4章「お産が大変な哺乳類はやっぱりヒトですか？」で説明しています。

化石で発見される人類の寿命は、どれくらいだった？

アウストラロピテクスで40年ほどでしょう。

寿命って何？

皆さんは日常で「寿命」という言葉をどのように使っていますか？　個人について寿命というと、生まれてから死ぬまでの時間を意味しますが、集団に対しては少し違う意味をもちます。個人ごとに寿命は異なります。そこで、平均寿命という概念があるのですが、この「平均」は単純に個人の寿命を平均して計算するわけではありません。もしそうだったら、２０２０年の日本人の平均寿命は、２０２０年に生きていた日本人が死ぬまで計算できないことになります。

人口学では、ある時点において存在する各年齢層の人口を数え、その年齢までに実際にどれだけの割合が死亡したかを計算します。そうして得られた値を用いて、ある出生数（例えば10万人）が年齢ごとにどのように減っていくかを関数化します（**生存曲線**、図7）。これを使えば年齢ごとの**平均余命**（平均的にあと何年生きるか）が計算できます。対象とする年齢以上の人口総数を計算し、対象年齢の人口数で割った数字がそれです。０才での平均余

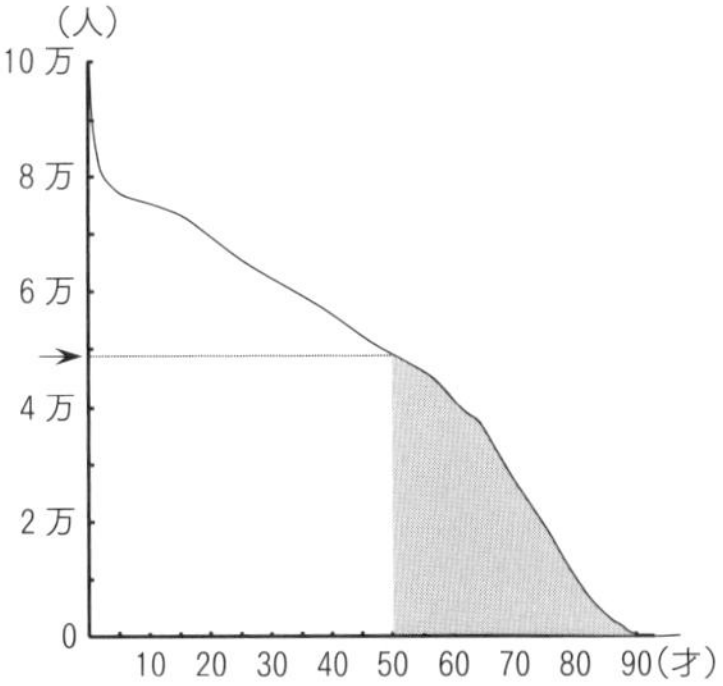

図7　仮想的な集団の生存曲線。灰色の部分に含まれる人口を矢印の示す人口で割った値が50才での平均余命になります。同じように0才での平均余命（平均寿命）を計算することができます。

命を平均寿命と呼びます。

ところが、これと同じ方法を過去の集団に用いることは困難です。江戸時代の人であれば、東京の都市開発によって膨大な数の人骨が発掘されているため、類似した分析ができるかもしれませんが、例外的であることはわかりますね。

そもそも化石人類については、個体ごとに死亡年齢を推定することが難問です。江戸時代の人であれば、死亡年齢のわかっている現代人と骨の特徴を比べ、年齢を推定できます。しかし猿人では、そのような比較を行うための目安がないのです。さらに、化石人類の多くの種について、研究材料となる個体数が少ないため、平均的に何年くらいで死んでいたかを推定することは容易ではありません。そこで少し違った見方が必要になります。

生活史という見方

日本各地に「八百比丘尼《やおびくに》」の伝説があります。この女性は人魚の肉を食べたため、８００才を超えて生きたそうです。しかし、この数字を真に受ける人は少ないでしょう。細胞の構造、代謝系など、生理学上の基本的な制限があるので、とんでもなく長い寿命はありません。そもそも、種の平均的な寿命の長さも**自然選択**の対象になっています。つまり、寿命は進化を通して、繁殖上の成功を高める方向に変化してきたのです。寿命と繁殖の関係を理解する鍵は**生活史**という考え方です。

生活史の概念を丁寧に説明すると長くなるので、肝心な部分だけを抜き出します。各種霊長類の種間で比較をすると、繁殖と成長に関わるさまざまな変数（生活史変数）、例えば、妊娠期間、授乳期間、永久歯の生え替わりの時期、最初の出産年齢、出産間隔、寿命などは、互いに相関することがわかっています（例えば、妊娠期間が長い種では寿命も長い）。さらに、これらは体の大きさや脳の大きさとも相関を示します。特に注目されるのは脳の大きさです。脳の大きさは化石から正確に推定できるからです。なぜ、脳の大きさが成長や寿命にまで関係するのでしょうか。大きな脳（中でも大脳新皮質）をもち、より発達した認知能力（記憶、心理地図など）を備えることは、餌を手に入れるうえでも捕食を免れるうえでも、生存上の利点があります。一方で、大きな脳をつくるには栄養と時間をかけなければいけません。脳に優先的に栄養を回せば、体の成長が遅れます。繁殖期以前の成長期に捕食者に捕まって食べられてしまえば、せっかくの投資が水の泡です。長い成長期間の後、大きな脳を手に入れても、それを十分に使う時間がなければ、過剰投資になります。こうしたバランスのうえで、脳の大きさと成長期間・寿命の長さが進化をします。何が原因で何が結果か、直接的な関係があるのか他の要因を介した間接的な関係なのか、明らかでない点が多いのですが、脳の大きさと寿命との間に関連が存在する背景は理解できたでしょうか。

表4　脳の大きさ（頭蓋容量）から推定した永久歯への生え替わり時期と寿命（[19] を改変）

種類	女性体重（kg）	頭蓋容量（cc）	大臼歯萌出時期（年）	寿命（年）
ホモ・サピエンス	50	1370	6.3	66
ネアンデルタール人	50	1470	6.6	69
ホモ・エレクトゥス（後期）	40	1060	5.4	60
ホモ・エレクトゥス（初期）	40	810	4.6	52
ホモ・ハビリス	35	642	4.0	47
頑丈型アウストラロピテクス	40	500	3.4	40
アウストラロピテクス・アフリカヌス	30	442	3.2	39
アウストラロピテクス・アファレンシス	30	400	3.0	37
チンパンジー	40	390	3.3	45

※体重と頭蓋容量はこの研究で用いられた値を示しているため、この次の項目で示す表の数値と若干異なります。アウストラロピテクスの種類については、巻頭資料「本書に登場する化石人類の種類」を参照してください。（チンパンジーの数値は [20] より引用）

化石人類の寿命は？

現存する霊長類15種を対象に脳のサイズと寿命との相関を調べた研究では、[19] 両者の間で約0・8の相関係数が得られました（相関係数は二つの変数の関連の強さを示す指標で、1・0が最高です）。ただし、これには体重を介する間接的な相関も含まれているようで、脳の大きさと体重の両方を用いると、より信頼できる結果を導くことができます。計算結果を見ると（**表4**）、アウストラロピテクスについて40歳程度の推定値が得られています。野外で長期観察がなされているチンパンジーでは、観察地による違いが存在するのですが、平均値は45年程度です。[21] 初期のホモ・エレクトゥスについては、50年を上回る推定値が得られており（この研究では体重が低めに推定されているので、補正するともう少し長いと思われます）、チンパンジーを上回っています。ネアンデルタール人は65才を超えており、私たちと変わりません。ただし、発見されているネアンデルタール人化石を見ると、青年期から働き盛りで亡くなっている人が多いという特徴があります。[22]資料の偏りがあるかもしれないので、断定的なことは言えませんが、ひょっとしたら、独特な生存曲線をもっていたのかもしれません。

大昔から人類には「利き手」がありましたか？

初期のホモ属から右利きが多かったようです。

利き手はなぜあるのか

現代の人間社会では、8～9割の人が右利きだといわれています。**利き手**とは何かを厳密に定めることは難しいのですが（文字を書く手、箸を使う手、ものを投げる手、これらが一致しない人もいます）、日常生活において、左右の手は同じ頻度では用いられません。ほとんどの人は、微妙な制御を必要とする動作に、特定の側の手を用います。このような現象を一般的に**一側優位性**といいます。一側優位性は下肢にもあり、利き足といいます。

脊椎動物は、左右対称の構造をしていますから、一側優位性は生物学的に興味深い現象です。一側優位性が現れた機構的理由は明白です。左右の大脳半球から末梢の運動器官へ連絡する神経線維の多くは、入れ替わり（交叉）をして、左の大脳半球が体の右側の運動を制御します。手の運動を制御する皮質の領域が左の大脳半球で特異的に発達していれば、右利きになります。

では、なぜ手の一側優位性が進化したのでしょう？　推論になるのですが、手の運動を制御する脳の負担や慣れに必要な時間、両側で筋肉を発達させるコスト、これらを節約する効果が、利き手が損傷をこうむり機能しなくなる危険を上回っていたためでしょう。また、節約した脳の負担を他の用途に振り向けることができたのかもしれません。片側で事が足りるなら、それで十分というわけです。新幹線のトイレは、奇数車両の後方側にあります。なぜ偶数車両にはないかを考えてください。

人の利き手は、それ自体、興味深い現象ですが、他の理由からも関心を集めてきました。それは**言語**です。19世紀、フランスの医学・人類学者ピエール・P・ブローカは、発話を司る領域（運動性言語中枢）が脳の左側にあることを発見しました。その後の研究によって、ほとんどの人で**言語野**は左の脳半球にあることが明らかになっています。ブローカの発見以降、言語能力と右利きとの関連が注目されたのですが、左利きの人でも多数は左脳に言語中枢をもつことから、直接の関連には疑問がもたれています。しかし、進化の過程で何らかの関連があったのか（例えば、身振りでの意思疎通が関係したか）は不明のままです。

ヒト以外の霊長類の利き手

ヒト以外の霊長類で、ヒトと同じような利き手は存在するのでしょうか。結論を先に言うと、ヒトほど明確な利き手は見られません。ただし、状況によっては、一側優位性が個体レベル、集団レベルで認められます。

野生チンパンジーの行動を観察すると、活動内容によっては一側優位性がやや強く認められる場合もありますが（例えば、石を用いたナッツ割り）、右側優位、左側優位個体の頻度は同じ程度に見られるうえ、活動の種類ごとに優位な側が入れ替わる個体も見られます。[23]一方で、飼育されているチンパンジーの手振り・仕草を観察すると、右側優位傾向が認められるという研究があります。[24]野生状態で、アフリカ類人猿は右側優位傾向を示すのに対し、オランウータンは左側優位傾向を示すという研究もあります。[25]ヒト科には、手（前肢）の一側優位性を発現させる基盤があるのかもしれません。もしそうだとしたら、それはヒト科共通の祖先に由来しているのか、それとも平行的に進化したのでしょうか。今後の研究が待たれます。

化石人類の利き手

人類の利き手はいつ頃から現れたのでしょうか。オルドワン文化の遺跡で回収された剥片の分類から、利き手の分析を行った研究があります。剥片に残された複数の剥離面を見ると、左右どちらの側からの打撃で剥がれた剥片かを推定できます。右手に打石をもつと原石の右側から打撃を加えることが多くなります（180頁図9参照）。実際には原石を持つ方向を変えることもあるので、そう単純な話ではないのですが、利き手が決まっていればどちらかに偏った傾向が観察されます。ケニア北部の遺跡から集められた剥片を調べた結果、右利き被験者の石器製作実験結果と同じ程度に、「右利き剥片」に偏った頻度が観察されています。[26]

面白い特徴に着目した研究があります。化石人類の上顎の切歯《せっし》と犬歯《けんし》の表面（唇側）には、石器による小さな擦り傷がついていることがあります。口にくわえた肉を石器で切り裂く、あるいはくわえた動物の皮から肉をそぎ落とすなどする際にあやまってつけてしまったものです（次頁図8）。危な

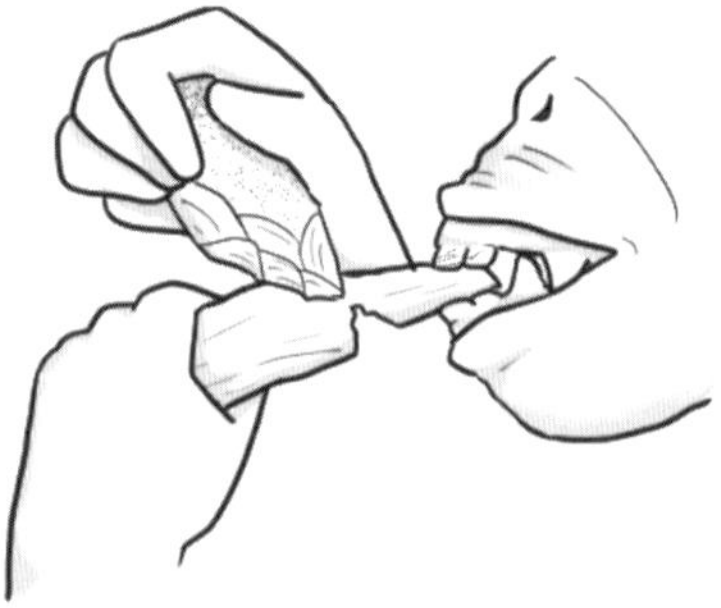

図8　口にくわえた肉を石器で切り裂く時、石器を口に近づけすぎると上顎の切歯に擦り傷をつけてしまうことがあります。（亀井乃亜画）

いので身振りだけ試してみて欲しいのですが、どのような傷ができるかわかりますね。右利きなら、右下に向かう傷が多くできるはずです。タンザニアにある**オルドバイ峡谷**（180万年前）で発見されたあるホモ・ハビリスは右手優位でした。[27] 同じように36人のネアンデルタール人を調査し、9割の人を右利きと推定した研究もあります。[28] 人類は歯を道具としても使ってきました。今でも、鋏がない時、代わりに使いませんか。ケニアで一緒に化石探索をしていたその道50年の達人は、歯でビールの栓を抜いていました。

私でも石器をつくれますか？

打製石器づくりも初級から上級まであります。

初心者は剥片製作から

10年ほど前、ケニアの博物館の人たちと発掘調査の成功をお祝いしてナイロビ郊外で屋外BBQパーティを開きました。ケニアの焼き肉は豪快です。内臓を抜いたヤギが1頭用意されていました。ところが、包丁を忘れていたのです。私たちは、考古学者に向かい「石器をつくれ！」と叫びました。特技をもつ人がいると便利です。

素手でヤギを解体することを想像して下さい。皮を割くこと、関節を分けることは、まず不可能です。実際、石器は動物の解体が目的でつくられはじめたと考えられています。

ケニア北部、トゥルカナ湖畔のロメクィ（330万年前）という遺跡で発見された石器が、知られている最古の石器です。[29] 3kgほどもある原石を地面の上の台石に叩きつける、あるいは台石の上に原石を載せて、別の石を上から叩きつける方法で割り、道具として使える大型剥片をつくりました。この方法は単純ですが、使いやすい大きさと形をした剥片をつくるのには向いて

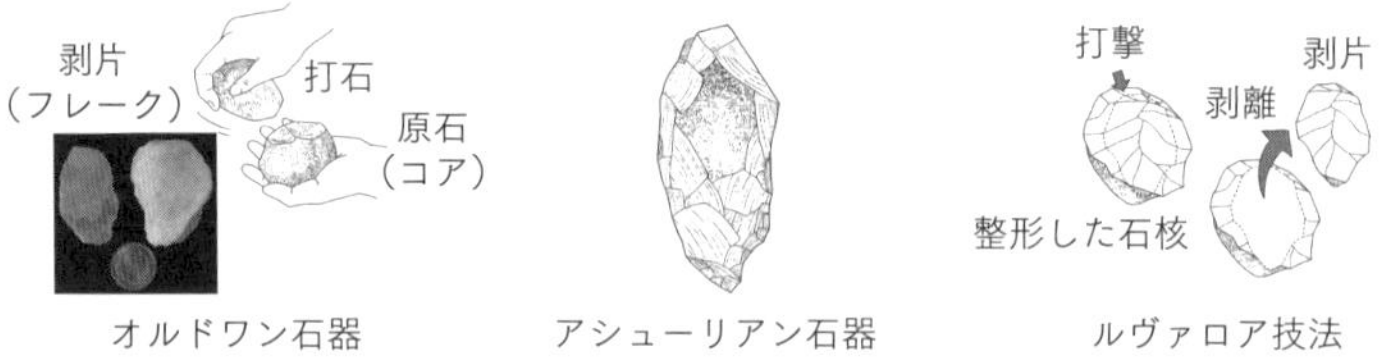

図9 （左より）オルドワン石器のつくり方と剥がれたフレーク（写真）。アシューリアン石器のうち初期のハンドアックス（手斧）。ルヴァロワ技法の説明。（亀井乃亜作画）

いません。

その後、石器の発見例は途絶えるのですが、260万年前以降、アフリカの人類化石産地では石器が普通に見られるようになります。[30] つくり方は少し難しくなります。片手に原石を持ち、反対側の手（利き手）に持った打石で強打し、小型剥片（フレーク）を割り取っていきます（図9）。手に石をぶつけないように注意してください。斜めから打ち付けるようにすると薄い剥片が取れます。原石の種類はさまざまで、玄武岩、珪岩、石英、石灰岩などがあり、特に黒曜石は鋭利な剥片をとるのに適しています。200万年前から、剥片をとった後の原石（石核）の形を整え、とがった道具として使うことも始まりました。こうした石器をまとめて**オルドワン石器**と呼びます。

石器の製作には材料収集、加工、使用という時間を（場合によっては空間も）超えた一連の計画を立てる必要があります。結構難しそうですが、石器をつくり始めたのは猿人アウストラロピテクスのようです。

形を決めてつくる

約180万年前に、もっと洗練された石器が登場しました。大型の原石の全面を剥離し、平たい形に加工します。左右、表裏とも対称性が見られる点が特徴的です（図1）。縁の部分はほぼ全周が鋭くなっています。一定の形を目指して製作した様子がうかがえ、涙型のものを**ハンドアックス**（手斧）と呼びます。平均長は15㎝程度ですが、30㎝を超えるものもあります。時代とともに、対称性がより精巧になり形が整います。手斧と呼ぶ理由は、柄に装着せず、手に持って使ったためです。中～大型動物の解体や剥皮、木材加工に向いています。

この石器を**アシューリアン石器**と呼びます。オルドワン石器は、アシューリアン石器とともに用いられましたが、やがて使われなくなりました。アシューリアン石器をつくり始めたのはホモ・エレクトゥスです。100万年前からアフリカでは使われなくなりました。エレクトゥスとともに、この石器はヨーロッパへ広がりました。興味深いことにインドよりも東ではほとんどつくられていません。そうした地域では、オルドワン石器の流れを汲む石器が用いられていました。

上級者は柄をつけた石器をつくる

50万年前頃から、柄に装着する石器も使われはじめます。ここまで随分、時間がかかりましたね。装着には複数の素材が必要です。装着することによって、小さな石器でも大きな石器と同等、あるいは同等以上の機能をもつようになります。例えば、石器を用いて太い枝を切り落とす作業を想像してください。手斧と柄をつけた石斧のどちらを使うのが楽でしょうか。石器、柄、粘着性の樹脂、紐などです。剥離作業だけでつくる石器に比べ、装着石器の製作工程は格段に複雑です。材料収集から加工まで、周到な計画が必要です。

図10　ヤギの解体。発掘キャンプでは、内臓を抜き、皮を剥いだ後、枝に吊るして半身に切り分けます。

石器の装着使用が一般的になると、装着しやすい形をした小さな剥片が好まれるようになりました。約30万年前、アフリカで画期的な石器制作方法が発明されました。石核の形状をアシューリアン石器のように特定の形に整形し、最後の一撃で意図した形の剥片を剥ぎ取る方法です。整形・剥ぎ取りの工程を繰り返すことで、一つの石核から効率よく多数の剥片を得ることができます。この加工方法を**ルヴァロワ技法**と呼びます。この頃から、小型のナイフや先端をとがらせた小型石器が主に用いられるようになりました。石器の小型化は投射式狩猟具の登場に道を開くことになりました。ルヴァロワ技法は、アフリカから10万年弱遅れてヨーロッパでも使われるようになりました。文化伝幡がおきたのか独自に開発されたのか、議論が分かれています。その後、5万年前以降、アフリカでさらに精緻な打製石器がつくられ始めるのですが、それは省略しましょう。

さて、ＢＢＱパーティの話に戻ります。ヤギの解体には、大型のアシューリアン石器が向いてそうです（図10）。しかし、考古学者は、石を探しに行くかわりに、近くの農家で包丁を借りてきました。大きくて綺麗なハンドアックスをつくるのは少し手間がかかるのだそうです。忘れものには気をつけるようにしましょうね。

発展知識

復元の科学

復元は正確か

学術的に価値のある動物化石が新しく発見されると、新聞や雑誌の記事に化石の写真と一緒に復元図が掲載されることがあります。化石はだいたいが断片的で、写真を見ても専門家以外には面白くはないし見栄えがしません。復元図は確かにワクワクさせてくれますが、実際のところ正確なのでしょうか。

恐竜という生物の存在を初めて報告したのは、イギリスの医師ギデオン・マンテルで、最初に名前がつけられた恐竜はイグアノドンです（1825年）。彼が描いた骨格の復元スケッチには、鼻先に1本の角《つの》をもち四肢を曲げた姿勢で立つハ虫類が描かれています（図11）。1851年、ロンドンのクリスタル・パレスで開催された第1回世界万国博覧会ではこれを元にした復元模型が展示されました。角とされた骨は、後に前肢の親指の骨であることがわかりました。1880年代にはベルギーの炭鉱で保存

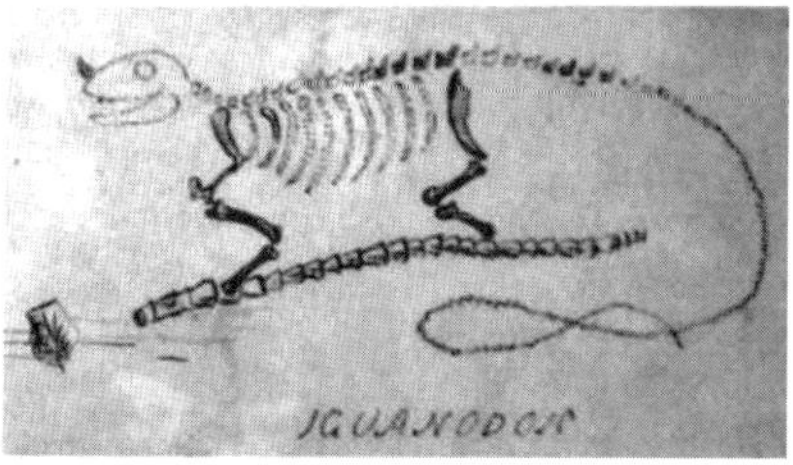

図11　マンテルによるイグアノドン骨格の復元スケッチ（模写）です。

状態の良いイグアノドンの全身骨格が複数体発見されました。マンテルは1852年に亡くなったのでこの発見を知ることはできませんでした。この標本群によって、イグアノドンは長い尾を補助に二足歩行したと考えられるようになりました。ベルギー王立自然史博物館にはそうして組み立てられた骨格が展示されています。ところが、1980年代、尾椎《びつい》や前肢骨の構造から、イグアノドンは二足起立に適応していなかったと考えられるようになりました。若い個体は二足歩行もしたものの、通常は四足歩行を行っていたようです。

化石から生前の姿を復元することが簡単ではないことが理解できたでしょうか。復元には次のような段階を踏んだ作業が必要です。

①**正しい同定**。発見した（断片的な）化石が、ある特定の種類に属すること、その骨格のどの部分であるかを確定する作業です。専門家でも同定の失敗をすることがあります。ある論文の査読（発表前の原稿を第三者が点検して過ちなどを正すこと）をしていて、ツチブタの上腕骨を類人猿と間違えていたのを見つけたことがあります（論文は修正後、出版されました）。

②**正確なプロポーションの復元**。ばらばらで発見される化石には、異なる性・成長段階の個体が混ざっているかもしれません。また、成熟した同性でも個体によって体の大きさは異なります。骨と骨とがつながる部分の大きさを手がかりに正しいプロポーションを復元する作業です。

③**姿勢の復元**。骨格の場合、どのような姿勢をとっていたかを決める作業です。関節をつくる面の向き、可動する範囲、四肢の相対的強度の比較などを手がかりに、決めていきます。骨格ではなく、頭蓋骨を破片から復元する場合でも、①と②の手順は同じです。

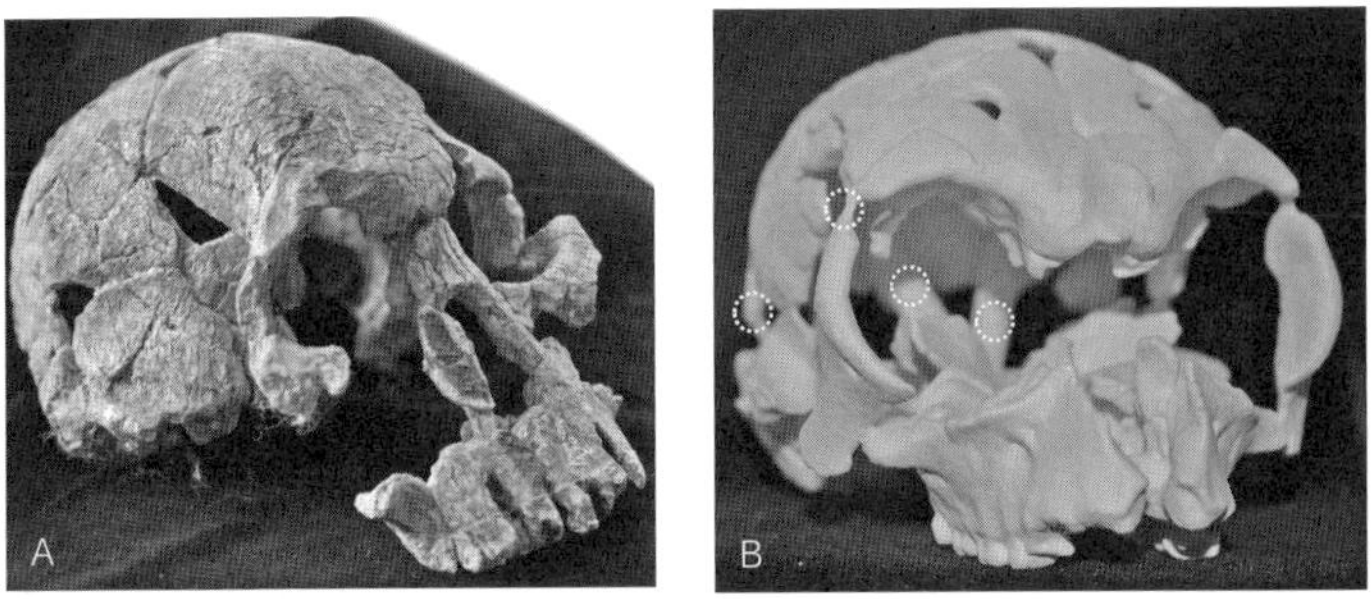

図 12 （A）ホモ・ハビリスの頭蓋骨（KNM-ER 1470）模型です。ケニア北部、トゥルカナ湖畔で発見された標本を元にしています。この頭蓋骨は数十の破片をつなぎ合わせ復元されました。
（B） スペインで発見された霊長類プリオバテスの頭蓋骨模型。この頭骨の研究を発表したデビッド・アルバ氏の好意でいただきました。計算機で仮想修復され、三次元プリンタでつくられました。左右の破片の鏡像を用いて補っているのがわかるでしょうか。点線の円で示した部分はつながりが失われた部位や強度が必要な部位につくった架橋《ブリッジ》です。

コンピュータ復元

1980年代まで、化石、特に頭蓋骨の復元は根気が求められる手作業で行われていました。たくさんの破片を並べて、部位を決め、接着剤でつなぎ、隙間は合成樹脂で埋めたり、竹ひごや金属片で架橋したりして、破片が元の位置でつながるようします（図12A）。まさに職人技です。

この作業は現在でも行われていますが、CTの普及は新たに仮想《バーチャル》修復を可能にしました（図12B）。ばらばらになった頭骨化石の破片をCT撮影して、計算機の中で仮想的に組み立てるのです。[31][32] 熟練者が手作業で行った作業よりも常に優れた結果が得られるかどうかは微妙ですが、標本を痛めるおそれがない点、つくり直しを容易に行える点、（樹脂や竹ひごを使っても）現実には困難な接合が行える点は、仮想復元の長所です。頭蓋骨は基本的に左右対称なので、片側に残っている構造を用いて、失われた反対側を補完することもできます。

押し潰され歪んでしまった（可塑変形）化石の修復は手作業では不可能ですが、仮想的方法なら復元することが可能です。[33] 頭蓋骨に標点をとり、一定の規則に基づいて本来あるべき標点の座標を計算し、頭骨全体の歪みを除きます。いろいろな計算方法がありますが、図13に私たちが行った修復の例を示しました。

仮想修復した模型は、STL：Standard Triangulated Language などの汎用三次元形状フォーマットのデータにして他の研究者と共有したり、三次元プリンターで出力して配ったりします。

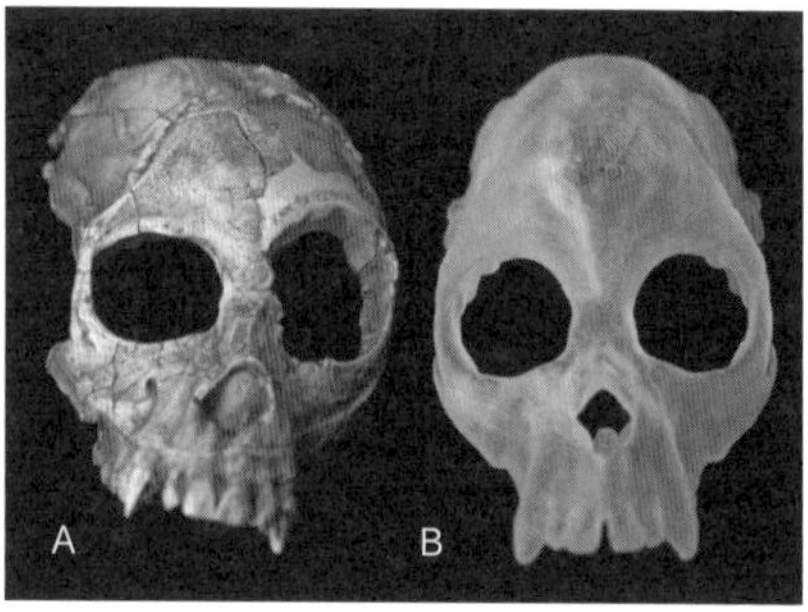

図13　化石類人猿エケンボの頭蓋骨模型。原標本（A）は土圧によって大きく変形しています。Bはそれを仮想的にコンピュータ修復し三次元プリンタで出力した模型です。（[33]の研究より）

毛の長さや色は？

骨格や頭骨が復元できると、系統的に近縁な現生種を参考にして、筋肉を貼り付けます。野生哺乳類の場合、脂肪は通常少ないのであまり考慮しなくても大丈夫です。しかし、骨に痕跡を残さず化石化もしない部分の復元は想像です。例えば、オスのオランウータンには、頬から垂れ下がる大きな襞《ひだ》（フランジ）をもつ個体が現れます。すべての成熟オスがもつわけではないのですが、頭骨から、フランジがあったかどうかの判定はできません。オランウータンの祖先ではないかと考えられている類人猿シバピテクスにフランジがあったかどうかは判断できません。フランジは特殊な例ですが、皮膚色、毛色、毛の長さは、どの哺乳類の復元でも考えなければいけない問題です。このような仕事をする人たちをパレオアーティスト（古生物復元造形作家）と呼びます。哺乳類の復元画では、スペインのマウリシオ・アントン氏やアメリカのジェイ・マターネス氏が著名です。

さて、化石人類の復元でいえば、濃い体毛を付けるかどうかの判断は、化石からではなく他の情報源からの推測です。猿人にはあり、ホモ属にはなかったとする復元が多いようです（161頁参照）。ヒゲや眉毛も想像です。ただし、比較的新しい時代の化石から得られた古代DNAによって、外見に関する情報が得られる場合もあります。ネアンデルタール人の化石から抽出した遺伝子の中に、現代人には見られない変異型が見つかり、それがメラニン色素の産生を抑制する機能をもつことから、そのネアンデルタール人については薄い皮膚色と赤毛をもっていたことが推定されました。[34] その後のネアンデルタール人の復元では、この組合せが用いられることが多いのですが、近年の研究ではネアンデルタール人の中にも、これらの特徴について個人差があったことがわかっています。[35]

おわりに

『徒然草《つれづれぐさ》』といえば誰でも学校の授業で一度は読んだことがあると思います。鎌倉時代の僧、吉田兼好が京都で書いた文章をまとめた有名な随筆集ですが、その中にこんな話があります。

兼好少年が八つになった年のある日、父親にこんな質問をしました。「仏様はいったいどうやって仏様になったのでしょうか」。父親は、「仏様はその前の仏様に教えていただいたのだ」と答えるのですが、探究心の強い兼好少年は承知しません。「その前の仏様はどうやって仏様になったのでしょうか」。父親は、そのまた前の仏様に教えていただいたのだと答えます。ではその前の前の仏様はどうやって仏様になったのだと、兼好の問いは終わることなく続き、とうとう父親は降参してしまったということです。父親の答えに納得出来なかった兼好少年がどうしたのかは書かれていませんが、きっとその後もあれこれ考えていたのでしょう。鎌倉時代というと今から750年ほど昔のことですが、当時の人たちも「由来」とか「起源」について、いろいろな疑問を持って生きていたことがわかります。兼好法師でなくても、こういった疑問は誰でも多かれ少なかれ持ったことがあることでしょう。

いったい私の家のご先祖様はどんな人だったのか、日本人の祖先はどこからきたのだろうか、そもそもヒトはサルから進化したというけれど最初はどんな姿をしていたのだろうとか、考えてみたことはありませんか。こういった疑問をとことん考える学問が古生物学・古人類学です。本書では、こういったさまざまな疑問に応えるべく、いろんな項目をつくってみました。でも完成してから読み直してみると、まだまだ書き足りないことが多いことに気が付きます。本書を読んでみて、もっと詳しく知りたい内容があれば、遠慮なく質問を送って下さい。機会があればどこかで回答できるかもしれません。この本を読んで化石に興味を持ってくれる人が一人でも増えることを願っています。

本書を執筆するにあたり、以下の方々にお世話になりました。深く感謝いたします。タウン・タイ氏（マグウェー大学）、ジン・マウン・マウン・テイン氏（マンダレー大学）、江木直子氏（国立科学博物館）、河野礼子氏（慶應義塾大学）、西岡祐一郎氏（ふじの国地球環境史ミュージアム）、楠橋直氏（愛媛大学）、三枝春生氏（兵庫県立人と自然の博物館）、平山廉氏（早稲田大学）、内藤裕一氏（京都大学理学研究科）、浅見真生氏（京都大学理学研究科）、平田和葉氏（京都大学理学研究科）、樽創氏（神奈川県立生命の星・地球博物館）、瀬戸口烈司氏（京都大学名誉教授）、金昌柱氏（中国科学院古脊椎動物・古人類研究所）、張穎奇氏（中国科学院古脊椎動物・古人類研究所）、森本直記氏（京都大学）、亀井乃亜氏（京都大学）、荻原直道氏（東京大学）、フェデリコ・アナヤ氏（トマス・フリアス自治大学）、エフゲニー・マシェンコ氏（ロシア科学アカデミー）、ニコライ・カルシコフ氏（ロシア科学アカデミー）、西村剛氏（京都大学ヒト行動進化研究センター）、リチャード・ケイ氏（デューク大学）。

2022年6月

高井　正成
中務　真人

巻末資料 古地理図

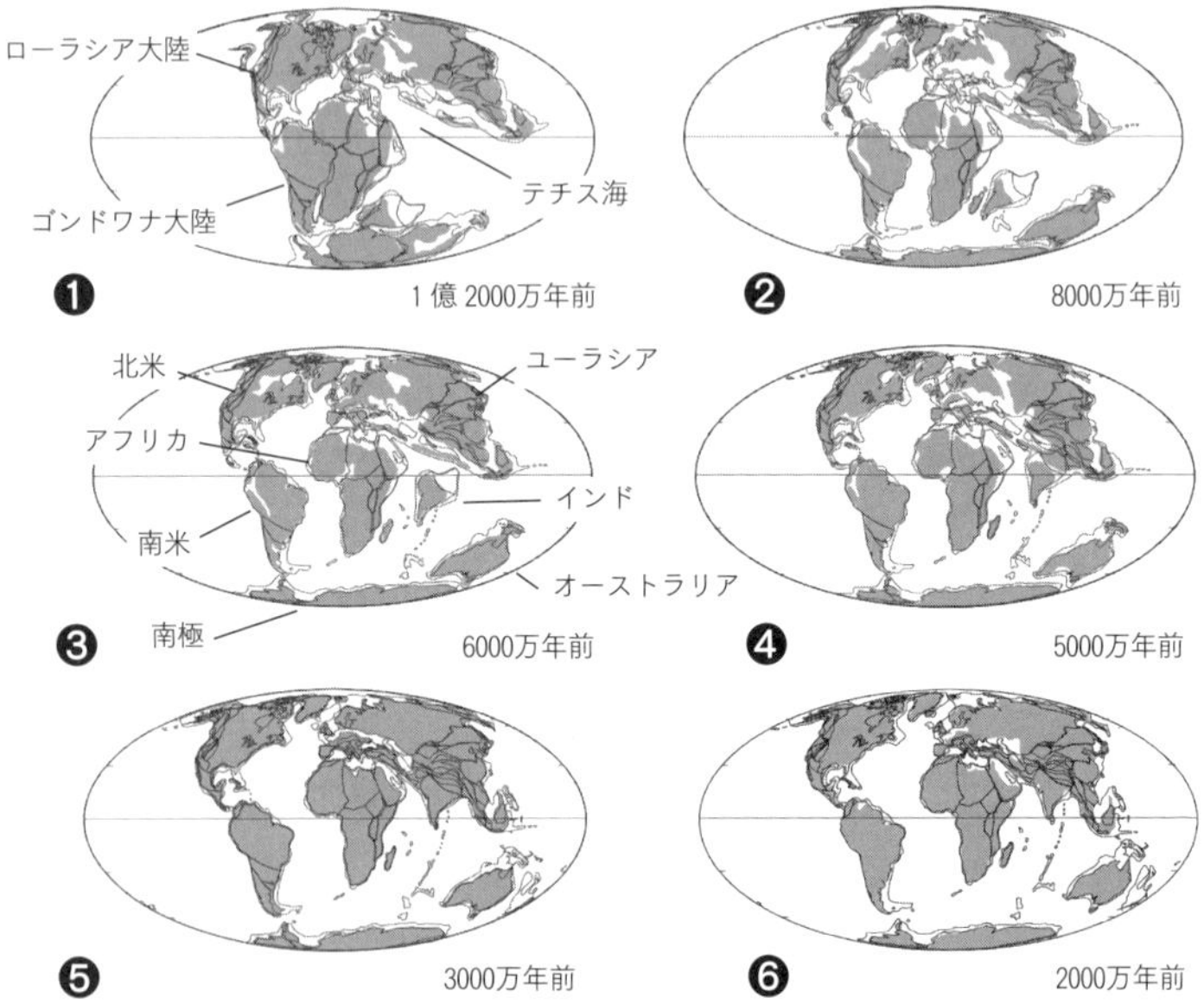

大陸の位置関係の変化を示す図。中生代に存在していた超大陸パンゲアは、白亜紀に北のローラシア大陸と南のゴンドワナ大陸に分裂しました。ゴンドワナ大陸はさらにいくつかの大陸に分裂し、なかでもインド大陸は北上を続けてユーラシア大陸と衝突し、現在のヒマラヤ山脈の隆起を引き起こしました。また、アフリカ大陸がユーラシア大陸とつながるまで両者の間に存在していた海を、テチス海（または古地中海）といいます。（[1] p. 37 を改変）

巻末資料 現生種の分布域と化石産地

本文中では巻末「地図」と記しています。

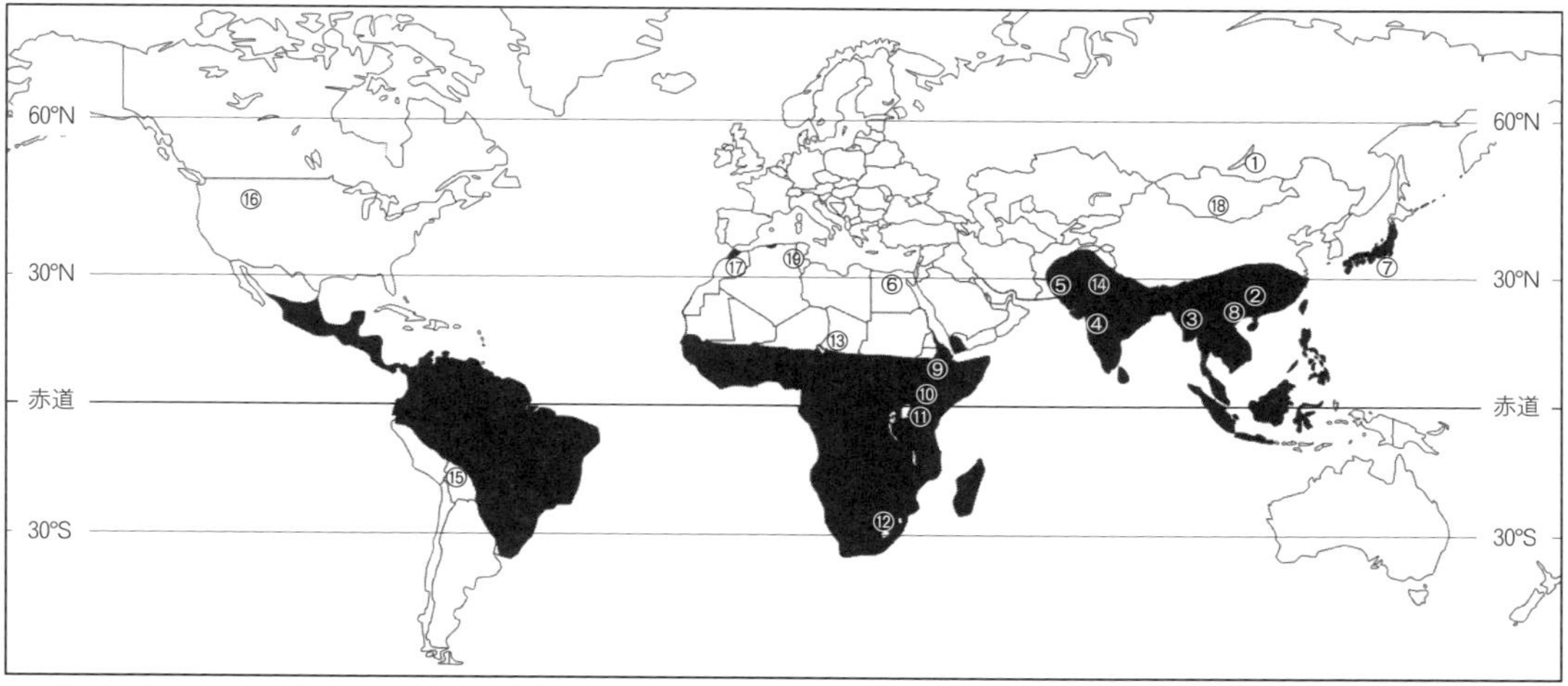

現生のヒト以外の霊長類の分布域（黒）と本文中で言及している主な化石産地。①ウドゥンガ（ロシア）。②上黄（中国江蘇省）。③ミャンマー中部。④バスタン（インド）。⑤ブグティ（パキスタン）。⑥ファユム（エジプト）。⑦中津層群（神奈川県）。⑧崇左（中国広西壮族自治区）。⑨ハダール、ミドルアワシュ、チョローラ（エチオピア）。⑩トゥルカナ湖、バリンゴ、ナカリ（ケニア）。⑪オルドバイ峡谷、ラエトリ（タンザニア）。⑫ハウテン州（南アフリカ）。⑬チャド盆地（チャド）。⑭シワリク層（インド・パキスタン）。⑮ボリビア（サジャ）。⑯モンタナ州（アメリカ）。⑰モロッコ。⑱ネメグト盆地。⑲アルジェリア北東部～チュニジア。

巻末資料 現生直鼻猿類の分類表

本文中では巻末「分類表」と記しています。

- **メガネザル下目**
  - メガネザル科
    - メガネザル亜科
      - メガネザル属
- **広鼻猿下目（新世界ザル）**
  - クモザル科
    - ホエザル亜科
      - ホエザル属
    - クモザル亜科
      - クモザル属
      - ウーリーモンキー属
      - ヘンディーウーリーモンキー属
      - ウーリークモザル属
  - サキ科
    - ティティ亜科
      - ティティ属
    - サキ亜科
      - サキ属
      - ヒゲサキ属
      - ウアカリ属
  - オマキザル科
    - オマキザル亜科
      - オマキザル属
      - フサオマキザル属
      - リスザル属
    - ヨザル亜科
      - ヨザル属
    - マーモセット亜科
      - ゲルディモンキー属
      - タマリン属
      - ライオンタマリン属
      - コモンマーモセット属
      - マーモセット属
      - ピグミーマーモセット属
- **狭鼻猿下目**
  - オナガザル上科（旧世界ザル）
    - オナガザル科
      - オナガザル亜科
        - マカク属
        - ホオジロマンガベイ属
        - キプンジ属
        - ヒヒ属
        - ゲラダヒヒ属
        - シロエリマンガベイ属
        - マンドリル属
        - アレンモンキー属
        - タラポアン属
        - サバンナモンキー属
        - パタスモンキー属
        - ロエストモンキー属
        - オナガザル属
      - コロブス亜科
        - コロブス属
        - アカコロブス属
        - オリーブコロブス属
        - リーフモンキー属
        - ハヌマンラングール属
        - ラングール属
        - テングザル属
        - ブタオラングール属
        - ドゥクモンキー属
        - シシバナザル属
  - ヒト上科（ホミノイド）
    - テナガザル科
      - フーロックテナガザル属
      - テナガザル属
      - クロテナガザル属
      - フクロテナガザル属
    - ヒト科
      - オランウータン亜科
        - オランウータン属
      - ヒト亜科
        - ゴリラ属
        - チンパンジー属
        - ホモ属

巻末資料 霊長類の系統樹

本文中では巻末「系統樹」と記しています。

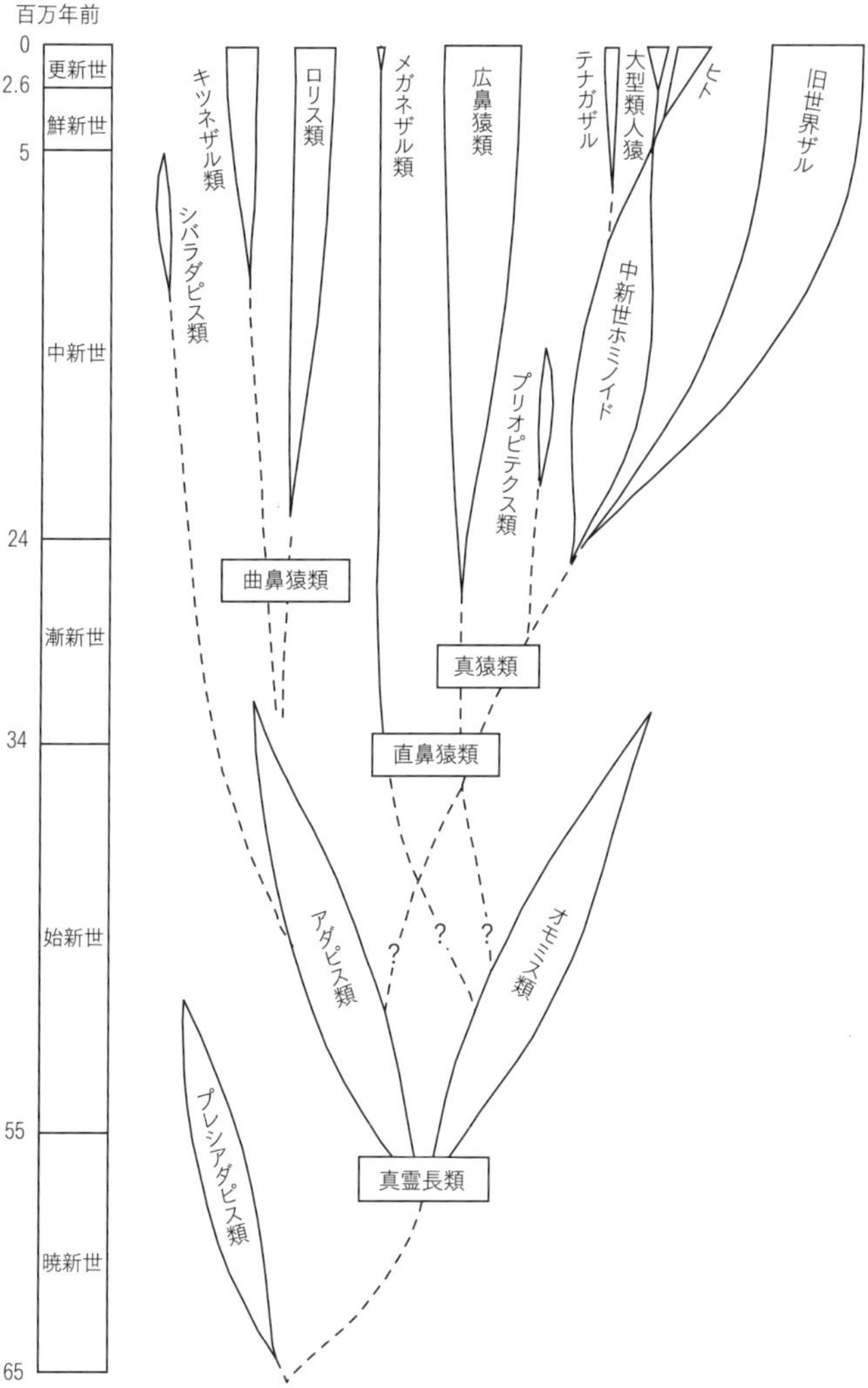

簡略化した霊長類の進化系統樹です。各系統の太さは適応放散の度合いを示しています。煩雑さをなくすために、絶滅したいくつかの化石群（科）は省いてあるので注意して下さい。なお大型類人猿はアジアのオランウータンとアフリカのゴリラ・チンパンジーを含んでいます。

巻末資料 現生哺乳類の分子系統図（カモノハシなどの単孔類を除く）

本文中では巻末「分子系統図」と記しています。

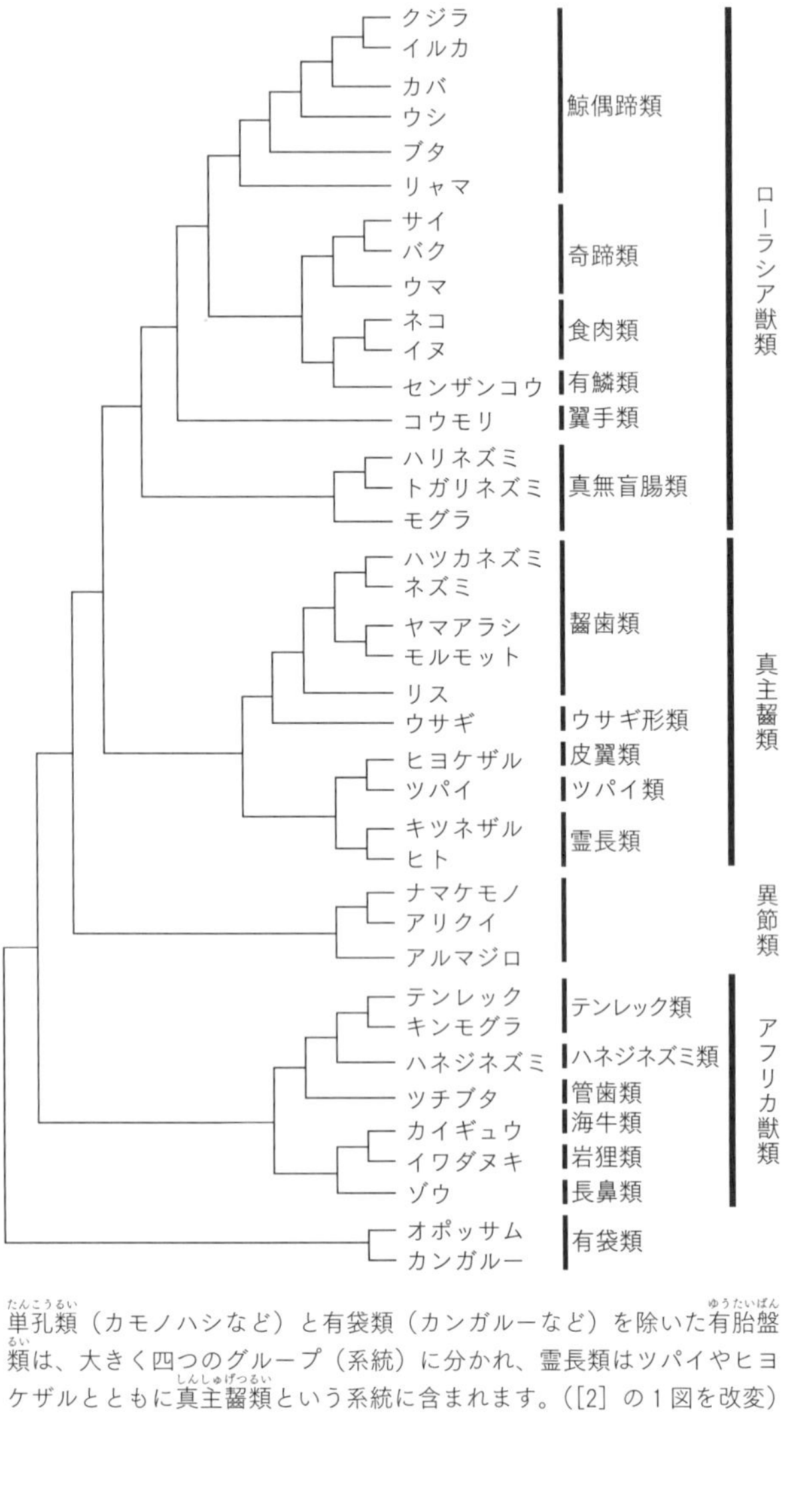

単孔類《たんこうるい》（カモノハシなど）と有袋類（カンガルーなど）を除いた有胎盤《ゆうたいばん》類《るい》は、大きく四つのグループ（系統）に分かれ、霊長類はツパイやヒヨケザルとともに真主齧類《しんしゅげつるい》という系統に含まれます。（[2] の１図を改変）

参考図書

・Wood, Bernard（著），馬場悠男（訳）（2014）『人類の進化―拡散と絶滅の歴史を探る（サイエンス・パレット 013）』丸善出版
・江木直子（2004）「霊長類の手の構造―樹上生活における把握能力の意義」『霊長類研究』20(1)，pp. 11-29
・京都大学霊長類研究所（編）（2009）『新しい霊長類学―人を深く知るための 100 問 1 答』講談社ブルーバックス
・京都大学霊長類学研究所（編）（2003）『霊長類学のすすめ（京大人気講義シリーズ)』丸善出版
・京都大学霊長類研究所（編）（2007）『霊長類進化の科学』京都大学学術出版会
・後藤仁敏他（編）（2014）『歯の比較解剖学（第 2 版)』医歯薬出版
・スプレイグ，デビッド・S（2004）『サルの生涯、ヒトの生涯―人生計画の生物学（生態学ライブラリー 13)』京都大学学術出版会
・中川尚史他（編）（2012）『日本のサル学のあした―霊長類学という「人間学」の可能性』京都通信社
・長谷川政美（2014）『系統樹をさかのぼって見えてくる進化の歴史―毒たちの祖先を探す 15 億年の旅』ベレ出版
・長谷川政美（2011）『新図説 動物の起源と進化―書き換えられた系統樹』八坂書房
・濱田　穣（2007）『なぜヒトの脳だけが大きくなったのか』講談社ブルーバックス
・ビガン，デイヴィッド・R（著），馬場悠男（監訳・日本語版解説），野中香方子（訳）（2017）『人類の祖先はヨーロッパで進化した』河出書房新社
・リーキー，リチャード（著），馬場悠男（訳）『ヒトはいつから人間になったか（サイエンス・マスターズ 3)』草思社

索引

さ行

た行

な行

引用・参照文献

第 1 章　化石の研究方法

1．　市原　実（編）（2001）「続・大阪層群―古瀬戸内河湖水系」『アーバンクボタ』39，pp. 1-65
2．　McBrearty, S. and Brooks, A. S. (2000) The revolution that wasn't: a new interpretation of the origin of modern human behavior. *Journal of Human Evolution*, 39 (5), pp. 453-563. doi: 10.1006/jhev.2000.0435
3．　Mercader, J., et al. (2002) Excavation of a chimpanzee stone tool site in the African rainforest. *Science*, 296 (5572), pp. 1452-1455. doi: 10.1126/science.1070268
4．　Mercader, J., et al. (2007) 4,300-year-old chimpanzee sites and the origins of percussive stone technology. *Proceedings of the National Academy of Sciences of the United States of America*, 104 (9), pp. 3043-3048. doi: 10.1073/pnas.0607909104

第 2 章　サルとは何か

1．　長谷川政美（2011）『動物の起源と進化―書きかえられた系統樹』八坂書房
2．　長谷川政美（2014）『系統樹をさかのぼって見えてくる進化の歴史―僕たちの祖先を探す 15 億年の旅』ベレ出版
3．　Tabuce, R., et al. (2009) Anthropoid versus strepsirhine status of the African Eocene primates *Algeripithecus* and *Azibius*: craniodental evidence. *Proceedings of the Royal Society B*, 276 (1676), pp. 4087-4094. doi: 10.1098/rspb.2009.1339
4．　Sarich, V. M. and Wilson, A. C. (1967) Immunological time scale for hominid evolution. *Science*, 158 (3805), pp. 1200-1203. doi: 10.1126/science.158.3805.1200
5．　Brunet, M., et al. (2002) A new hominid from the Upper Miocene of Chad, Central Africa. *Nature*, 418 (6899), pp. 145-151. doi: 10.1038/nature00879
6．　White, T., et al. (2011) *Human Osteology* (*3rd Edition*). Academic Press
7．　Cerling, T. E., et al. (1993) Expansion of C4 ecosystems as an indicator of global ecological change in the late Miocene. *Nature*, 362, pp. 344-345
8．　Zin-Maung-Maung-Thein et al. (2011) Stable isotope analysis of the tooth enamel of Chaingzauk mammalian fauna (late Neogene, Myanmar) and its implication to paleoenvironment and paleogeography. *Palaeogeography, Palaeoclimatology, Palaeoecology*, 300, pp. 11-22
9．　Kay, R. F. (1984) On the use of anatomical features to infer foraging behavior in

extinct primates. In: Cant J. and Rodman, P. (eds.) *Adaptations for Foraging in Nonhuman Primates*. Columbia University Press, pp. 21-53
10. 後藤仁敏他（編）（2014）『歯の比較解剖学（第 2 版）』医歯薬出版
11. Simpson, G. G. (1936) Studies of the earliest mammalian dentitions. *Dental Cosmos*, 78, pp. 940-953.

第 3 章　サルの進化

1. Chaimanee, Y., et al. (2012) Late Middle Eocene primate from Myanmar and the initial anthropoid colonization of Africa. *Proceedings of the National Academy of Sciences of the United States of America*, 109(26), pp. 10293-10297. doi: 10.1073/pnas.1200644109
2. Franzen, J. L., et al. (2009) Complete primate skeletonfrom the Middle Eocene of Messel in Germany: morphology and paleobiology. *PLoS ONE*, 4(5), e5723. doi: 10.1371/journal.pone.0005723
3. Beard, K. C., et al. (1994) A diverse new primate fauna from the Middle Eocene fissure-fillings in southeastern China. *Nature*, 368(6472), pp. 604-609. doi: 10.1038/368604a0
4. Beard, K. C., et al. (1996) Earliest complete dentition of an anthropoid primate from the late Middle Eocene of Shanxi Province, China. *Science*, 272(5358), pp. 82-85. doi: 10.1126/science.272.5258.82
5. Jaeger, J.-J., et al. (1999) A new primate from the Middle Eocene of Myanmar and the Asian origin of anthropoids. *Science*, 286(5439), pp. 528-530. doi: 10.1126/science.286.5439.528
6. Takai, M., et al. (2005) A new eosimiid from the latest Middle Eocene in Pondaung, central Myanmar. *Anthropological Science*, 113(1), pp. 17-25. doi: 10.1537/ase.04S003
7. Marivaux, L., et al. (2005) Anthropoid primates from the Oligocene of Pakistan (Bugti Hills): data on early anthropoid evolution and biogeography. *Proceedings of the National Academy of Sciences of the United States of America*, 102(24), pp. 8436-8441. doi: 10.1073/pnas.0503469102
8. Takai, M. and Anaya, F. (1996) New specimens of the oldest fossil platyrrhine, Branisella boliviana, from Salla, Bolivia. *American Journal of Physical Anthropology*, 99(2), pp. 301-317. doi: 10.1002/(SICI)1096-8644(199602)99:2〈301::AID-AJPA7〉3.0.CO;2-0
9. Takai, M., et al. (2000) New fossil materials of the earliest New World monkey, Branisella boliviana, and the problem of platyrrhine origins. *American Journal of Physical Anthropology*, 111 (2), pp. 263-281. doi: 10. 1002/ (SICI) 1096-8644(200002)111:2〈263::AID-AJPA10〉3.0.CO;2-6
10. Springer, M. S., et al. (2012) Macroevolutionary dynamics and historical bio-

geography of primate diversification inferred from a species supermatrix. *PLoS ONE*, 7(11), e49521. doi: 10.1371/journal.pone.0049521
11. Iwamoto, M., et al. (2005) A Pliocene colobine from the Nakatsu group, Kanagawa, Japan. *Anthropological Science*, 113(1), pp. 123-127. doi: 10.1537/ase.04S017
12. Nishimura, D. T., et al. (2012) Reassessment of Dolichopithecus (Kanagawapithecus) leptopostorbitalis, a colobine monkey from the Late Pliocene of Japan. *Journal of Human Evolution*, 62(4), pp. 548-561. doi: 10.1016/j.jhevol.2012.02.006
13. 中務真人・國松　豊（2012）「アフリカの中新世旧世界ザルの進化―現生ヒト上科進化への影響」*Anthropological Science* (*Japanese Series*) 120(2)1, pp. 99-119. doi: 10.1537/asj.121022
14. Takai, M., et al. (2014) Changes in the composition of the Pleistocene primate fauna in southern China. *Quaternary International*, 354, pp. 75-85. doi: 10.1016/j.quaint.2014.02.021

第4章　ヒトの誕生

1. Okada, M. (1985) Primate bipedal walking: Comparative kinematics. In: Kondo, S. (ed.) *Primate Morphophysiology, Locomotor Analyses and Human Bipedalism.*, University of Tokyo Press, pp. 47-58.
2. Doran, D. M. (1993) Comparative locomotor behavior of chimpanzees and bonobos: the influence of morphology on locomotion. *American Journal of Physical Anthropology*, 91(1), pp. 83-98. doi: 10.1002/ajpa.1330910106
3. Nakatsukasa, M., et al. (2004) Energetic costs of bipedal and quadrupedal walking in Japanese macaques. *American Journal of Physical Anthropology*, 124(3), pp. 248-256. doi: 10.1002/ajpa.10352
4. Stearne, S. M., et al. (2016) The foot's arch and the energetics of human locomotion. *Scientific Reports*, 6, 19403. doi: 10.1038/srep19403
5. Lovejoy, C. O., et al. (2009) Combining prehension and propulsion: The foot of *Ardipithecus ramidus*. *Science*, 326(5949), pp. 72-72e8. doi: 10.1126/science.1175832
6. Leakey, M. D. and Hay, R. L. (1979) Pliocene footprints in the Laetoli Beds at Laetoli, northern Tanzania. *Nature*, 278 (5702), pp. 317-323. doi: 10. 1038/278317a0
7. Hatala, K. G., et al. (2016) Footprints reveal direct evidence of group behavior and locomotion in *Homo*. *Scientific Reports*, 6, 28766. doi: 10.1038/srep28766
8. Conroy, G. C. and Vannier, M. W. (1984) Noninvasive three-dimensional computer imaging of matrix-filled fossil skulls by high-resolution computed tomography. *Science*, 226(4673), pp. 456-548. doi: 10.1126/science.226.4673.456

9. Wind, J. (1984) Computerized x-ray tomography of fossil hominid skulls. *American Journal of Physical Anthropology*, 63 (3), pp. 265-282. doi: 10.1002/ajpa.1330630303.
10. O'Higgins, P. and Jones, N. (1998) Facial growth in *Cercocebus torquatus*: An application of three dimensional geometric morphometric techniques to the study of morphological variation. *Journal of Anatomy*, 193 (2), pp. 251-272. doi: 10.1046/j.1469-7580.1998.19320251.x
11. Leigh, S. R. (2004) Brain growth, life history, and cognition in primate and human evolution. *American Journal of Primatology*, 62 (3), pp. 139-164. doi: 10.1002/ajp.20012
12. DeSilva, J. and Lesnik, J. (2006) Chimpanzee neonatal brain size: implications for brain growth in *Homo erectus*. *Journal of Human Evolution*, 51 (2), pp. 207-212. doi: 10.1016/j.jhevol.2006.05.006
13. Lovejoy, C. O. (2005) The natural history of human gait and posture. Part 1. Spine and pelvis. *Gait & Posture*, 21 (1), pp. 95-112. doi: 10.1016/j.gaitpost.2004.01.001
14. Trevathan, W. (2015) Primate pelvic anatomy and implications for birth. *Philosophical Transactions of The Royal Society B Biological Sciences*, 370 (1663), 20140065. doi: 10.1098/rstb.2014.0065
15. Claxton, A. G., et al. (2016) Virtual reconstruction of the *Australopithecus africanus* pelvis Sts 65 with implications for obstetrics and locomotion. *Journal of Human Evolution*, 99 (Supp. 50), pp. 10-24. doi: 10.1016/j.jhevol.2016.06.001.
16. Keith, A. (1923) Hunterian Lectures on man's posture: its evolution and disorders. *British Medical Journal*, 1, pp. 451-454, 499-502, 545-548, 587-590, 624-626, 669-672.
17. Nakatsukasa, M., et al. (2003) Definitive evidence for tail loss in *Nacholapithecus*, an East African Miocene hominoid. *Journal of Human Evolution*, 45 (2), pp. 179-186. doi: 10.1016/s0047-2484 (03) 00092-7
18. Nakatsukasa, M., et al. (2004) Tail loss in *Proconsul heseloni*. *Journal of Human Evolution*, 46 (6), pp. 777-784. doi: 10.1016/j.jhevol.2004.04.005
19. Larson, S. G. (1998) Parallel evolution in the hominoid trunk and forelimb. *Evolutionary Anthropology*, 6 (3), pp. 87-99.
20. Lovejoy, C. O., et al. (2009) The great divides: *Ardipithecus ramidus* reveals the postcrania of our last common ancestors with African apes. *Science*, 326 (5949), pp. 73-106. doi: 10.1126/science.1175833
21. Almécija, S., et al. (2021) Fossil apes and human evolution. *Science*, 372 (6542), p. eabb4363. doi: 10.1126/science.abb4363
22. Ksepta, D. T., et al. (2020) Tempo and pattern of avian brain size evolution. *Current Biology*, 30 (11), pp. 2026-2036. e3. doi: 10.1016/j.cub.2020.03.06

23. Reed D. H., et al. (2003) Estimates of minimum viable population sizes for vertebrates and factors influencing those estimates. *Biological Conservation*, 113(1), pp. 23-34. doi: 10.1016/S0006-3207(02)00346-4
24. Jablonski, N. G. (2010) The naked truth. *Scientific American*, 302(2), pp. 42-49. doi: 10.1038/scientificamerican0210-42

第５章　絶滅した祖先

1. Dart, R. A. (1925) *Australopithecus africanus*: The man-ape of South Africa. *Nature*, 115(2884), pp. 195-199. doi: 10.1038/115195a0
2. Keith, A. (1949) *A New Theory of Human Evolution*. Philosophical Library
3. Leakey, L. S. B., et al. (1964) A new species of the genus *Homo* from Olduvai Gorge, Tanzania. *Nature*, 202, pp. 7-9.
4. McHenry, H. M. and Coffing, K. (2000) *Australopithecus* to *Homo*: Transformations in body and mind. *Annual Review of Anthropology*, 14(29), pp. 125-146. doi: 10.1146/annurev.anthro.29.1.125
5. Potts, R. (1999) Variability selection in hominid evolution. *Evolutionary Anthropology*, 7(3), pp. 81-96. doi: 10.1002/(SICI)1520-6505(1998)7:3〈81::AID-EVAN3〉3.0.CO;2-A
6. Simpson, S. W. (2013) Before *Australopithecus*: The earliest hominins. In: Begun, D. R. (ed.) A Companion to Paleoanthropology, Wiley-Blackwell, pp. 417-433.
7. Mbua, E., et al. (2016) Kantis: A new *Australopithecus* site on the shoulders of the Rift Valley near Nairobi, Kenya. *Journal of Human Evolution*, 94. pp. 28-44. doi: 10.1016/j.jhevol.2016.01.006
8. Coppens, Y. (1994) East side story: The origin of humankind. *Scientific American*, 270(5), pp. 88-95. doi: 10.1038/scientificamerican0594-88
9. White, T. D., et al. (2009) *Ardipithecus ramidus* and the paleobiology of early hominids. *Science*, 326(5949), pp. 64-86. doi: 10.1126/science.1175802
10. Cerling, T. E., et al. (2013) Stable isotope-based diet reconstructions of Turkana Basin hominins. *Proceedings of National Academy of Science, USA*, 110(6), pp. 10501-1050. doi: 10.1073/pnas.1222568110
11. Lee-Thorp, J. A., et al. (1994) Diet of *Australopithecus robustus* at Swartkrans from stable carbon isotopic analysis. *Journal of Human Evolution*, 27(4), pp. 361-372. doi: 10.1006/jhev.1994.1050
12. van der Merwe, N. J., et al. (2008) Isotopic evidence for contrasting diets of early hominins *Homo habilis* and *Australopithecus boisei* of Tanzania. *South African Journal of Science*, 104(3), pp. 153-155. doi: 10.1073/pnas.1222579110
13. Constantino, P. and Wood, B. (2007) The evolution of *Zinjanthropus boisei*. *Evolutionary Anthropology*, 16(2), pp. 49-72., doi: 10.1002/evan.20130

14. DeSilva, J. and Lesnik, J. (2008) Brain size at birth throughout human evolution: a new method for estimating neonatal brain size in hominins. *Journal of Human Evolution*, 55(6), pp. 1064–74. doi: 10.1016/j.jhevol.2008.07.008.
15. Ross, C. (2004) Life histories and the evolution of large brain size in great apes. In: Russon, A. N. and Begun, D. R. (eds.) *The Evolution of Thought: Evolutionary Origins of Great Ape Intelligence*. Cambridge University Press, pp. 122–139
16. Tuttle, R. H. (2014) *Apes and Human Evolution*. Harvard University Press
17. Schoenemann, P. T. (2013) Hominid Brain Evolution. In: Begun, D. R. (ed.) *A Companion to Paleoanthropology, Chichester*. Wiley-Blackwell, pp. 136–164
18. Du, A., et al. (2018) Pattern and process in hominin brain size evolution are scale-dependent. *Proceedings of the Royal Society B*, 285(1873), pp. 1–8. doi: 10.1098/rspb.2017.2738
19. Smith, B. H. (1991) Dental development and the evolution of life history in Hominidae. *American Journal of Physical Anthropology*, 86(2), pp. 157–174. doi: 10.1002/ajpa.1330860206
20. Smith, T. M., et al. (2013) First molar eruption, weaning, and life history in living wild chimpanzees. *Proceedings of the National Academy of Sciences of the United States of America*, 110(8), pp. 2787–2791. doi: 10.1073/pnas.1218746110
21. Hill, K., et al. (2001) Mortality rates among wild chimpanzees. *Journal of Human Evolution*, 40(5), pp. 437–450. doi: 10.1006/jhev.2001.0469
22. Trinkaus, E. (1995) Neanderthal mortality patterns. *Journal of Archaeological Science*, 22(1), pp. 121–142
23. Humle, T. and Matsuzawa, T. (2009) Laterality in hand use across four tool-use behaviors among the wild chimpanzees of Bossou, Guinea, West Africa. *American Journal of Primatology*, 71(1). pp. 40–48. doi: 10.1002/ajp.20616
24. Meguerditchian, A., et al. (2010) Captive chimpanzees use their right hand to communicate with each other: implications for the origin of the cerebral substrate for language. *Cortex*, 46(1), pp. 40–48. doi: 10.1016/j.cortex.2009.02.013
25. Hopkins, W. D., et al. (2011) Hand preferences for coordinated bimanual actions in 777 great apes: Implications for the evolution of handedness in hominins. *Journal of Human Evolution*, 60(5), pp. 605–611. doi: 10.1016/j.jhevol.2010.12.008
26. Toth, N. (1985) Archaeological evidence for preferential right-handedness in the lower and middle Pleistocene, and its possible implications. *Journal of Human Evolution*, 14(6), pp. 607–614. doi: 10.1016/S0047-2484(85)80087-7
27. Frayer, D. W. et al. (2016) OH-65: The earliest evidence for right-handedness in the fossil record. *Journal of Human Evolution*, 100. pp. 65–72. doi: 10.1016/j.jhevol.2016.07.002

28. Lozano, M., et al. (2017) Right-handed fossil humans. *Evolutionary Anthropology*, 26(6), pp. 313-324. doi: 10.1002/evan.21554.
29. Harmand, S., et al. (2015) 3.3-million-year-old stone tools from Lomekwi 3, west Turkana, Kenya. *Nature*, 521, pp. 310-315. doi:10.1038/nature14464
30. Ambrose, S. H. (2001) Paleolithic technology and human evolution. *Science*, 291(5509), 1748-1753. doi: 10.1126/science.1059487
31. Suwa, G., et al. (2009) The *Ardipithecus ramidus* skull and Its implications for hominid origins. *Sience*, 326(5949), pp. 68-68 e7. doi: 10.1126/science.1175825
32. Alba, D. M., et al. (2015) Miocene small-bodied ape from Eurasia sheds light on hominoid evolution. *Science*, 350(6260), p. aab2625. doi: 10.1126/science.aab2625
33. Ogihara, N., et al. (2005) Computerized restoration of nonhomogeneous deformation of a fossil cranium based on bilateral symmetry. *American Journal of Biological Anthropology*, 130(1), pp. 1-9. doi: 10.1002/ajpa.20332
34. Lalueza-Fox, C., et al. (2007) A melanocortin 1 receptor allele suggests varying pigmentation among neanderthals. *Science*, 318(5855), pp. 1453-1455. doi: 10.1126/science.1147417
35. Dannemann, M. and Kelso, J. (2017) The contribution of neanderthals to phenotypic variation in modern humans. *The American Journal of Human Genetics*, 101(4), pp. 578-589. doi: 10.1016/j.ajhg.2017.09.010

巻末資料

1. Scotese, C. R. (1997) Paleogeographic Atlas. *PALEOMAP Progress Report*, 90-0497, Department of Geology, University of Texas at Arlington. p 37
2. 高井正成（2007）「第 1 章 1　サルの生まれた日」京都大学霊長類研究所（編）京都大学学術出版会，pp. 15-28

著者紹介

高井　正成（たかい　まさなる）

京都大学総合博物館教授。博士（理学）。京都大学大学院理学研究科博士後期課程修了。専門は古生物学。霊長類を中心とした哺乳類の進化を古生物学的観点から研究している。

中務　真人（なかつかさ　まさと）

京都大学大学院理学研究科教授。博士（理学）。京都大学大学院理学研究科修士課程修了。専門は古人類学。ヒトと現生類人猿の系統がどのように分かれ、進化してきたかを化石と現生種の比較解剖学から研究している。

知識ゼロからの京大講義

化石が語る　サルの進化・ヒトの誕生

令和４年７月25日　発　　　行
令和４年11月30日　第３刷発行

著作者　高　井　正　成
　　　　中　務　真　人

発行者　池　田　和　博

発行所　丸善出版株式会社

〒101-0051　東京都千代田区神田神保町二丁目17番
編集：電話(03)3512-3267／FAX(03)3512-3272
営業：電話(03)3512-3256／FAX(03)3512-3270
https://www.maruzen-publishing.co.jp

組版印刷・創栄図書印刷株式会社／製本・株式会社 松岳社

ISBN 978-4-621-30727-4　C 1345　　Printed in Japan